Sanjay Hadiyal
Nilesh Parmar Hitendra Joshi

Síntese e caraterização de compostos heterocíclicos com 'N' e 'O'

Sanjay Hadiyal
Nilesh Parmar Hitendra Joshi

Síntese e caraterização de compostos heterocíclicos com 'N' e 'O'

ScienciaScripts

Imprint

Any brand names and product names mentioned in this book are subject to trademark, brand or patent protection and are trademarks or registered trademarks of their respective holders. The use of brand names, product names, common names, trade names, product descriptions etc. even without a particular marking in this work is in no way to be construed to mean that such names may be regarded as unrestricted in respect of trademark and brand protection legislation and could thus be used by anyone.

Cover image: www.ingimage.com

This book is a translation from the original published under ISBN 978-620-2-06504-7.

Publisher:
Sciencia Scripts
is a trademark of
Dodo Books Indian Ocean Ltd. and OmniScriptum S.R.L publishing group

120 High Road, East Finchley, London, N2 9ED, United Kingdom
Str. Armeneasca 28/1, office 1, Chisinau MD-2012, Republic of Moldova, Europe
Printed at: see last page
ISBN: 978-620-7-80272-2

ÍNDICE

RECONHECIMENTO

Antes de mais, quero prestar a minha sincera homenagem aos meus pais por me terem tornado capaz de fazer tudo aquilo a que me proponho, sendo o trabalho conducente à apresentação da minha tese de dissertação um deles.

E também tiro o chapéu ao Deus Omnipresente, Omnisciente e Todo-Poderoso, a fonte gloriosa e contínua de inspirações! A ele dirijo as minhas saudações e a minha cabeça inclina-se com uma dedicação arrebatada do meu coração ao Deus Omnipotente.

Expresso a mais profunda gratidão e reverência ao meu supervisor

Prof.H.S.Joshi Departamento de Química, Universidade de Saurashtra, Rajkot. Tenho o imenso prazer e o privilégio de lhe exprimir a minha profunda gratidão pela sua orientação e perseverança incessantes. O seu grande interesse, a sua paciência e o seu encorajamento constante durante o meu trabalho permitiram-me apresentar o meu trabalho sob a forma de uma tese. Ajudou-me constantemente a processar corretamente este trabalho. A sua liderança, os seus conhecimentos e o seu encorajamento incessante mostraram-me sempre novos horizontes. As suas sugestões críticas e valiosas têm sido uma fonte constante de inspiração para mim. Tenho orgulho em dizer que foi uma experiência muito frutuosa e agradável trabalhar sob a sua incansável orientação. A sua disciplina escrupulosa, os seus princípios e o facto de proporcionar um ambiente de trabalho destemido serão apreciados em todas as etapas da minha vida. Com um profundo sentimento de gratidão, gostaria de lhe agradecer sinceramente.

Estou igualmente grato aos nossos professores e directores **Dr.H,S.Joshi,** *Prof.AnamikK.Shah, Dr.Y.T.Naliapaara, Dr.V.H.Shah, Dr.R.C.Khunt, Dr.M.K.Shah, Dr.S.H.Baluja, Dr.U.C.Bhoya* e a todo o pessoal docente e não docente pelo apoio moral e pelo ambiente familiar.

Expresso a minha gratidão ao departamento de química da Universidade de Saurashtra por me ter proporcionado excelentes instalações laboratoriais para a realização deste trabalho.

Do fundo do coração, agradeço especialmente aos meus superiores, **Nilesh D. Parmara,** e a todos os estudantes de investigação pela sua ajuda desinteressada, apoio moral e orientação durante o meu trabalho.

O processo interminável de dedicação insuperável em nome da amizade, que me foi concedido pela minha melhor amiga e companheira de vida, **Dipali Hadiyal,** pelo seu apreço, inspiração e motivação durante o meu trabalho.

Por último, mas não menos importante, o processo interminável de devoção, amor e afeto que me foi concedido pela minha querida **mãe e pai** e pelos meus queridos **irmão** e **irmã**, que sempre iluminaram o meu caminho e me incentivaram a avançar para alcançar o objetivo.

<u>Autor</u>

PREFÁCIO

O nosso objetivo é proporcionar conhecimentos teóricos e práticos de química heterocíclica a estudantes de licenciatura e pós-graduação, bem como a estudantes de investigação que desejem escolher a química heterocíclica nas suas carreiras de investigação. Este livro apresenta uma abordagem de química verde, síntese e caraterização de derivados de cianopirimidina e xanteno que são sintetizados pelo método mais simples, e informações passo a passo sobre cromatografia em coluna.

Este livro proporcionará um grande conhecimento da síntese, propriedades, reacções e seus mecanismos e aplicações de compostos heterocíclicos, foram feitos esforços para incluir desenvolvimentos recentes em química heterocíclica e o assunto é apresentado de uma forma fácil e lúcida, de modo a que aqueles que têm algum conhecimento de base da química heterocíclica possam compreendê-lo bem.

O resultado é um livro que cobre os aspectos mais importantes da química dos compostos heterocíclicos, escrito para estudantes com pouco ou nenhum conhecimento desta área, este livro de texto deve fornecer uma ideia sobre a síntese, caraterização e técnica cromatográfica em coluna.

Estamos orgulhosos da qualidade de todos os capítulos deste livro, todos escritos pela nossa equipa. Orgulhamo-nos de ter sido acompanhados neste esforço por algumas das principais autoridades nesta área, todas elas com importantes contribuições na área das técnicas de síntese e purificação, cuja colaboração tornou este livro possível.

Autor

DEDICADO

À MINHA QUERIDA

FAMÍLIA

CAPÍTULO 1: ESTUDOS SOBRE OS DERIVADOS DA CIANOPIRIMIDINA

INTRODUÇÃO

Embora os compostos heterocíclicos possam ser inorgânicos, a maioria contém na estrutura do anel pelo menos um átomo de carbono e um ou mais elementos como o enxofre, o oxigénio ou o azoto. Uma vez que os não carbonos são geralmente considerados como tendo substituído os átomos de carbono, são designados por heteroátomos. As estruturas podem ser constituídas por anéis aromáticos ou não aromáticos.[1]

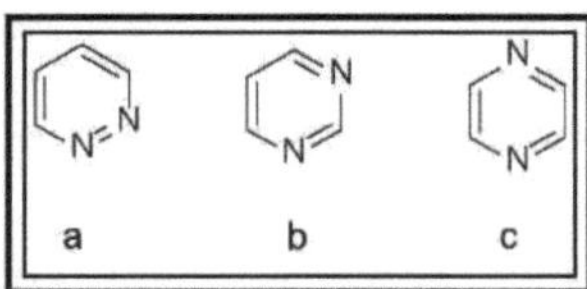

(Fig.-1)

Os heterociclos azotados de seis membros totalmente insaturados, com o azoto posicionado em 1,2, são conhecidos como piridazina (a), em 1,3 como pirimidina (b) e em 1,4 como pirazina (c) (Fig. 1). De entre estes três, seleccionámos a pirimidina como um interesse sintético.

Informações sobre o núcleo: A pirimidina é um anel heterocíclico de seis membros com dois átomos de azoto (N) no seu anel. A pirimidina tem a fórmula molecular $C_4H_4N_2$ e peso molecular = 80 dalton.

Propriedades físicas e estrutura: A pirimidina é um composto incolor, com ponto de fusão 296 K e ponto de ebulição 397 K. As suas dimensões foram determinadas por um estudo de difração de raios X de um cristal a 271 K e assemelham-se muito às da piridina (heterociclo de seis membros com 2

um átomo de azoto no seu anel.

Em síntese orgânica, a síntese de compostos heterocíclicos tem sido um tema de grande interesse devido à vasta aplicabilidade destes compostos. Os compostos heterocíclicos ocorrem muito amplamente na natureza e são essenciais para a vida. As moléculas heterocíclicas contendo azoto constituem a maior parte das entidades químicas, que fazem parte de muitos produtos naturais, produtos químicos finos e produtos farmacêuticos biologicamente activos, que são vitais para melhorar a qualidade de vida.[3-12] As pirimidinas, como os mais importantes compostos heterocíclicos contendo azoto, são de interesse químico e farmacológico[13-14]

A hidrólise dos ácidos nucleicos produz várias pirimidinas (uracilo, timina e citosina) (Fig.2). Dos dois tipos de ácidos nucleicos ADN e ARN, a citosina está presente tanto no ADN como no ARN, enquanto o uracilo está presente apenas no ARN e a timina apenas no ADN.[15]

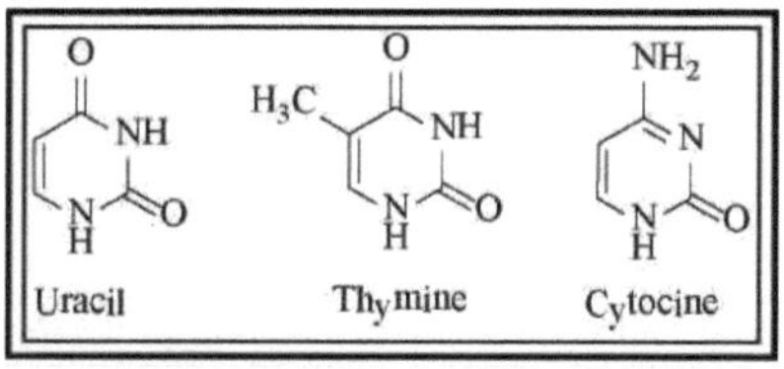

(Fig.-2)

ASPECTO SINTÉTICO

1. Liangce Rong et. al.[16] sintetizaram 2,4-diamino-6-arilpirimidina-5-carbonitrila pela reação de vários aldeídos, malononitrilo, carbonato de guanidina em NaOH até 70 °C para dar

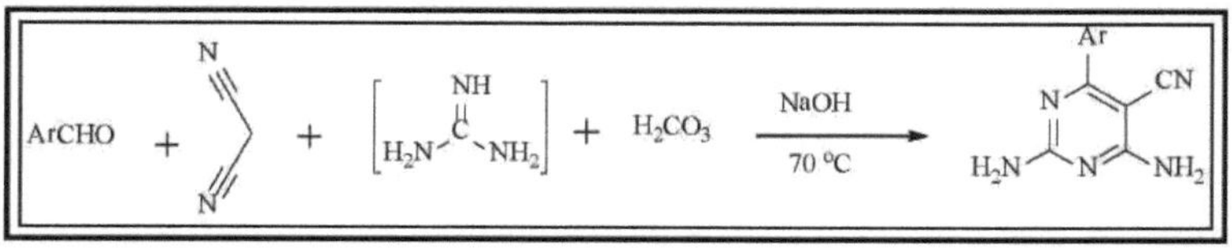

2. Ahmadi, SeyedJavad et. al.[17] sintetizaram 4-amino-5-pirimidina ecarbonitrilos em condições aquosas na presença de CuO até 15 min. à temperatura ambiente

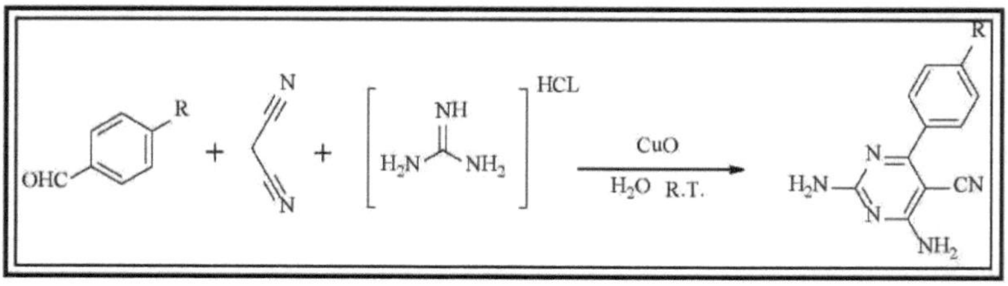

3. Hassan Sheibani et. al.[18] sintetizaram vários aldeídos aromáticos1, malononitrilo e amidinas em água, em refluxo e na presença de uma quantidade equivalente de acetato de sódio, para formar carbonitrilos 2-amino-5-pirimidina com bons rendimentos

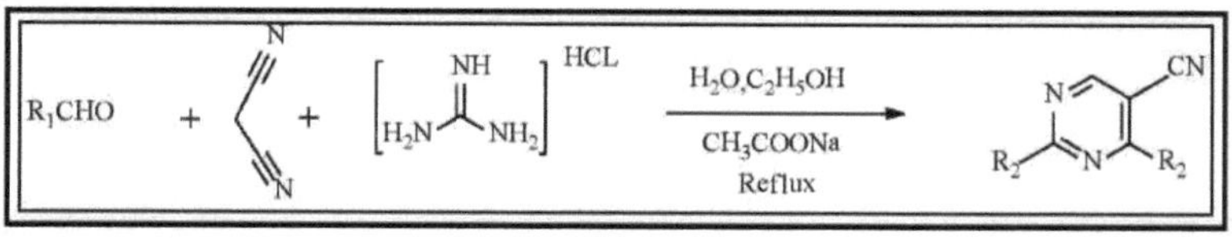

4. Kishor S. Jain et. al.[19] sintetizaram pirimidinas mononucleares por síntese direta de um pote através da Reação de Componentes Múltiplos (MCR) de α-cianocetenos S, S-acetais, amina

6

apropriada e carbonato de guanidina para formar um derivado de cinopirimidina.

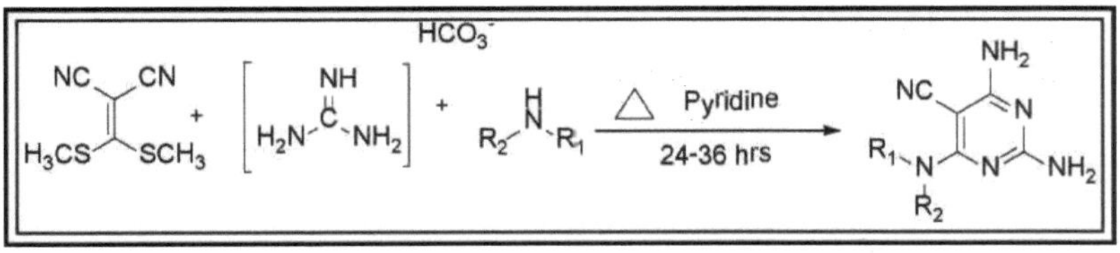

5.	Sheng Xia, Shan Yin et.al.[20] sintetizaram a 4-amino-5-carbonitrilo-2-nitroaminopirimidina através da reação de vários aldeídos, malononitrilo, l-nitroguanidina na presença de NaOH.

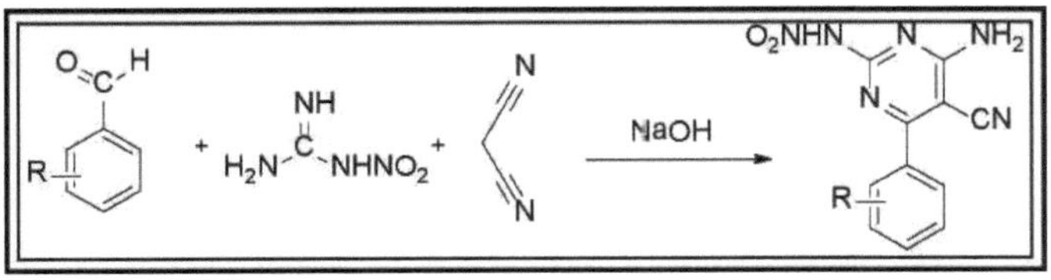

6.	Masayori Hagimori e Yoshinori Tominaga et. al.[21] sintetizaram o 5,5-dióxido de 2-amino-4-(metilsulfanil)benzo[4,5]tieno[3,2-d]pirimidina a partir do 1,1-dióxido de 2-(bis(metiltio)metileno)benzo[b]tiofeno-3(2H)um com carbonato de guanidina para obter um derivado de pirimidina

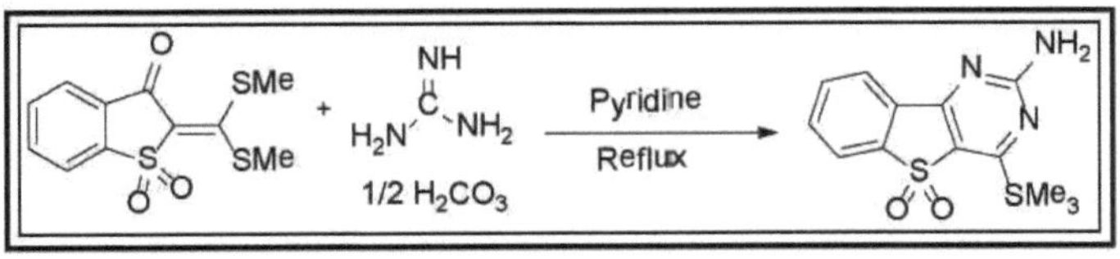

7.	Laura Anderson et.al[22] sintetizaram derivados de pirimidina através da condensação de amidinas com ciano-cetonas β-insaturadas por refluxo em etanol com bom rendimento.

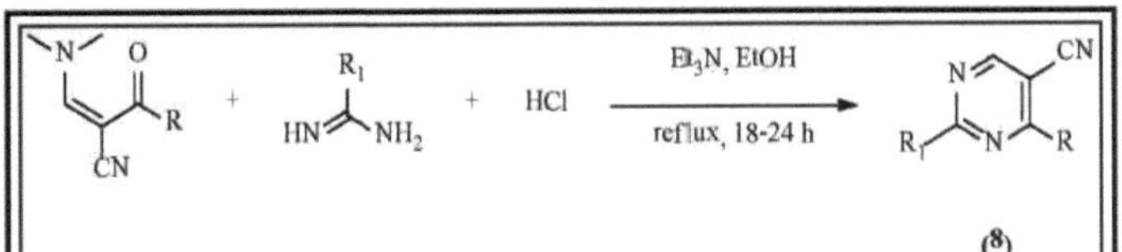

8.	Vasudha Sharma et.al.[23] sintetizaram uma biblioteca de pirimidina-5-carboxilato 2,6-dissubstituída através de um aduto Morita-Baylis-Hillman (MBH). Esta metodologia de três etapas envolve a utilização de intermediários de ésteres α-iodometileno β-ceto substituídos obtidos após a oxidação dos adutos MBH, que são condensados com vários tipos de derivados de amidina ou guanidina, para gerar as bibliotecas de pirimidinas-5-carboxilato 2,6-dissubstituídas.

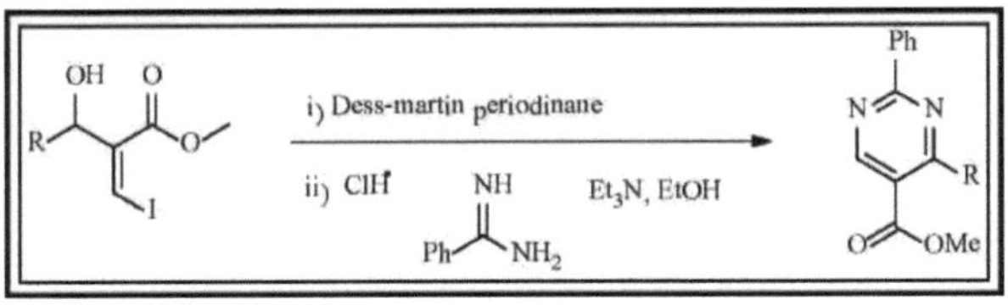

9.   M. S. Al-Ajely et.al[24] sintetizaram pirimidinas substituídas através da reação de adição de ciclo de amidinas e chalconas.

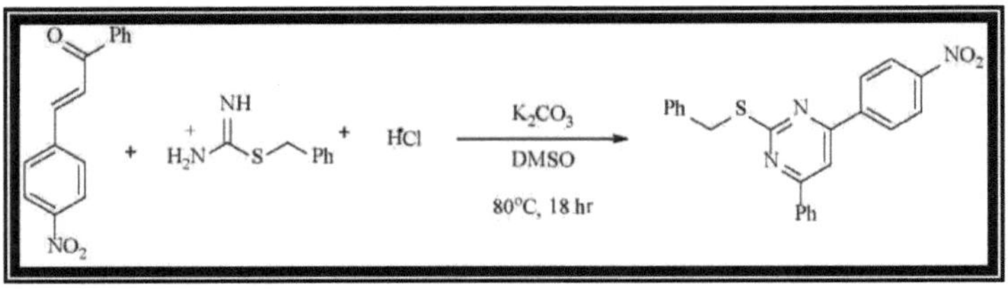

10.   Karpov e Muller et. al.[25] relataram o emprego de alcinonas (equivalentes sintéticos de β-cetoaldeídos) numa síntese de pirimidina de três componentes num único lote.O acoplamento de cloretos de ácido com alcinos terminais em condições de Sonogashira modificadas (Et_3 N utilizado em quantidade estequiométrica), seguido da adição de sais de amínio ou guanidínio (4) na presença de carbonato de sódio, deu origem a pirimidinas 2,4-dissubstituídas ou 2,4,6-trissubstituídas.

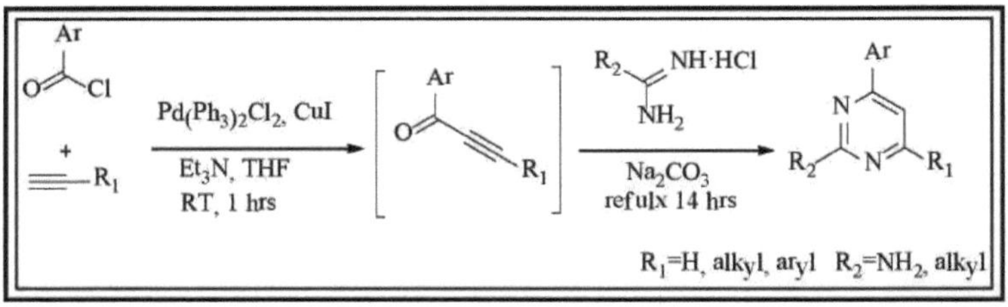

11.   Shengjiao Yan et.al.[26] prepararam uma série de pirimidinas por ciclocondensação de aldeídos β-bromovinílicos com cloridrato de amidina na presença de Et_3 N em excelentes rendimentos.

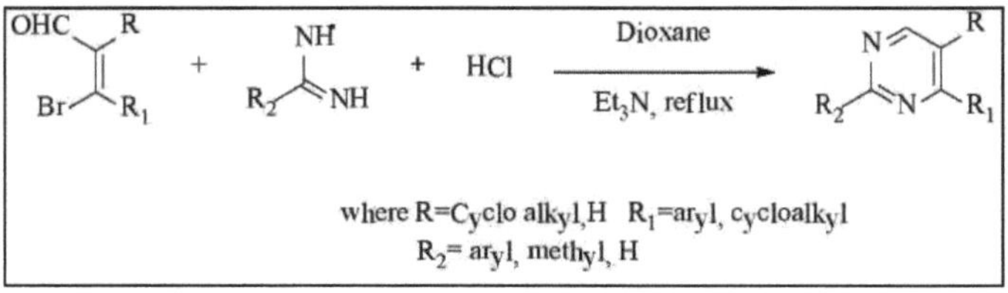

12.   Valentina Lilliu e Valentina Onnis et. al.[27] sintetizaram uma abordagem para obter 2-amino-6-(2-alquil ou arilideno-hidrazinil)-4-(dialquilamino)pirimidina-5-car-bonitrilos seguindo as reacções indicadas no Esquemaei.   As 2-amino-4-dialquilamino-6-metiltio-5-pirimidinocarbonitrilas necessárias foram preparadas por tratamento.

8

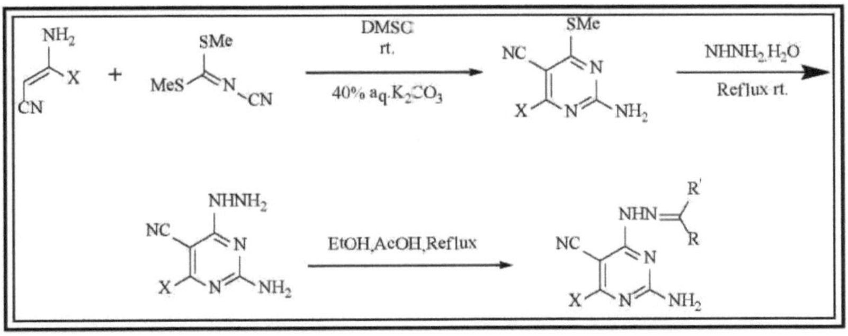

13. Viktor O. Iaroshenko et.al.[28] relataram a síntese de pirimidinas heteroanuladas contendo difluorometilo através de um método de duas etapas. As ciclizações regiosselectivas de amidina com excesso de electrões com compostos de 1,3-dicarbonilo substituídos por $CF_2 Cl$ fornecem as correspondentes pirimidinas substituídas por $CF_2 CL$. A reação radicalar subsequente com trimetilestanano ou aliltrimetilestanano deu origem a pirimidinas heteroanuladas contendo difluorometil.

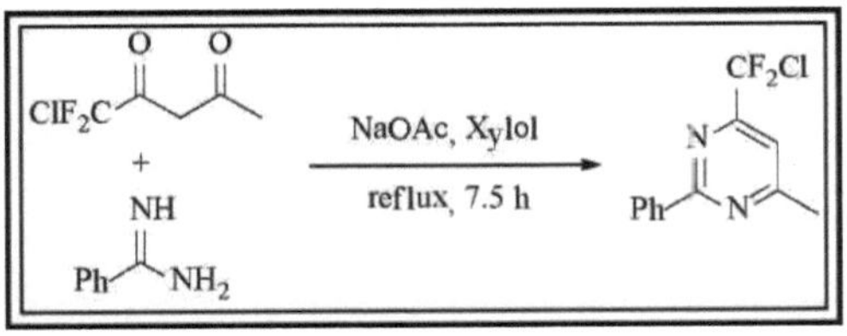

14. Supriyo Majumder et. al.[29] efectuaram um procedimento de síntese de

pirimidinas por condensação de 1,3-diimina e amidina. Esta diimina é produzida in situ por reação de acoplamento de 3 componentes catalisada por titânio de amina, alquino e isonitrilo.

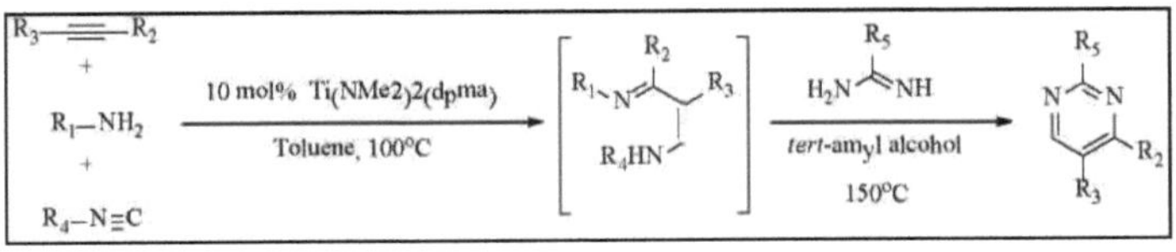

IMPORTÂNCIA TERAPÊUTICA

Verificou-se que os derivados da cinopirimidina possuem uma variedade de actividades terapêuticas, como se mostra a seguir.

1. *Anticancerígeno* [3f,32]

2. *Anti-HIV* [33]

3. *Anti-inflamatório* [34]

*4.	Atividade antidiabética*[35]

*5.	Antivirais e antissida* [363738]

*6.	Antifúngico*[39]

*7.	Anti-histamínico*

*1.	Herald et. al.*[40] *sintetizaram novas 4-aril-pirido[1,2-c] pirimidinas e os compostos foram avaliados quanto à sua atividade antidepressiva. Os compostos-alvo foram testados quanto à sua afinidade para o recetor 5HT1A e à inibição da recaptação de 5-HT utilizando o ensaio de ligação de rádio-ligante.*

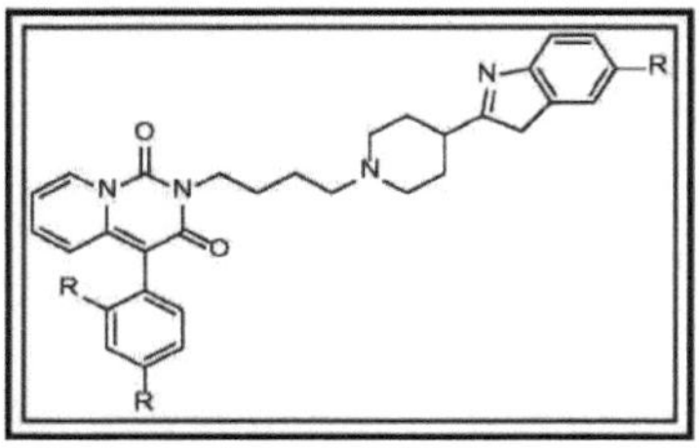

*2.	Saundane et.al.*[41] *sintetizaram 2- (2', 5' indolideneamino- 3'- yl substituído) - 4, 6- diarilpirimidinas (I) e 2 [2', 5'-indole- 3'- yl substituído) (fenil azo) metileno imino]- 4, 6- diaril pirimidina(II) com o objetivo de os examinar quanto à sua atividade antimicrobiana.*

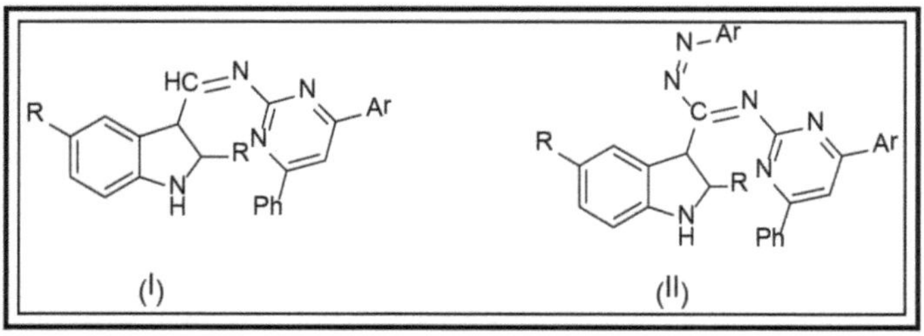

*3.	Rathod et. al.*[42] *45 sintetizaram 2-aril amino- 3-aril- 5-metil- 6- (substituída) tiona [2, 3-d]pirimidina- 4 (3H)- uns. Todos os compostos sintetizados foram analisados quanto à sua atividade analgésica pelo método de "tail flick" em ratos albinos e pelo método de escrita em ratos albinos.*

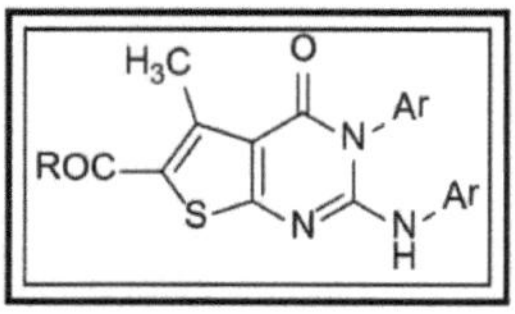

4.   *Anoop K. Pathak et. al.[43] Síntese de derivados de 2-(6' fluoro benzotiazol-2'- ylamino)-4,6-(disubstituídotiouriedo)-1,3- pirimidina. Os compostos sintetizados foram analisados quanto à sua atividade inibidora do crescimento in vitro contra diferentes estirpes de bactérias viz., B.subtilis, E. coli, P.aeruginosa e S.aures utilizando técnicas de difusão em ágar.*

5.   *Zbigniew Rykowski et.al.[44] apresentaram a síntese de derivados de 4-aril amina -6- metil -2-fenil 5- metilamineterpenos e investigaram a atividade antibacteriana dos compostos obtidos.*

6.   *Bhanu Vaisalini et. al.[45] Os compostos de Biginelli multifuncionalizados com aminas isoxazol, ou seja, 1-aril-4-metil-3,6-bis-(5-metilisoxazol-3-il)-2-tioxo-2,3,6,10b-tetrahidro-1H-pirimido[5,4-c]quinolin-5-onas, mostraram também atividade antimicrobiana para além da antibacteriana, antifúngica e antimalárica.*

$R = C_6H_5, 4\text{-}CH_3C_6H_5, 4\text{-}BrC_6H_5, 2\text{-}ClC_6H_5$

SÍNTESE DO 2,4-DIAMINO-(6-SUBSTITUÍDO-FENIL)PIRIMIDINA-5-CARBONITRILO (6a-j)

ESQUEMA DE REACÇÃO

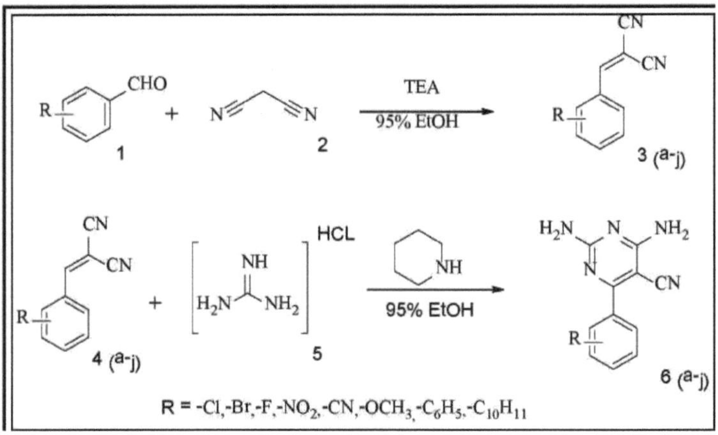

R = -Cl, -Br, -F, -NO$_2$, -CN, -OCH$_3$, -C$_6$H$_5$, -C$_{10}$H$_{11}$

A constituição de todos os compostos sintetizados foi caracterizada através de análise elementar, FT-IR, [1] H NMR espetroscopia e ainda apoiada por espetroscopia de massa. A pureza de todos os compostos foi verificada por cromatografia em camada fina

MECANISMO DE REACÇÃO

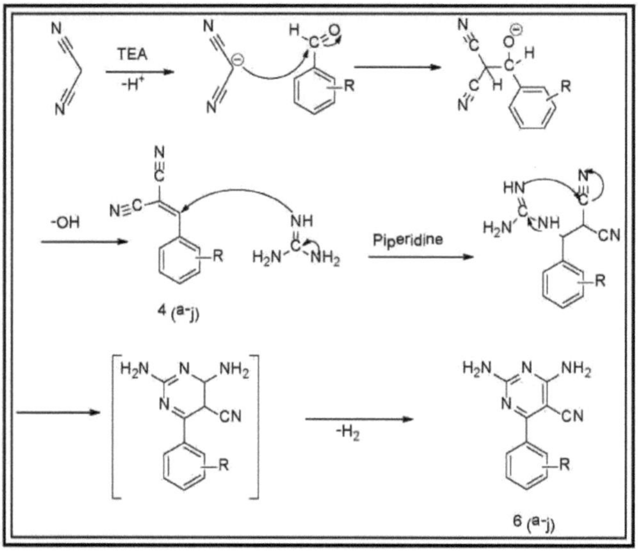

EXPERIMENTAL

Materiais e métodos

Os pontos de fusão foram determinados em tubos capilares abertos e não estão corrigidos. A formação dos compostos foi verificada por TLC em placas de sílica gel-G de 0,5 mm de espessura e as manchas foram localizadas com iodo. Os espectros de IV foram registados no instrumento Shimadzu FT-IR-8400 utilizando o método de pastilhas de KBr. Os espectros de massa foram registados no modelo GC-MS-QP-2010 da Shimadzu utilizando a técnica de sonda de injeção direta. [1]A RMN de H foi determinada em solução de DMSO-de num espetrómetro Bruker Ac 400 MHz.

Síntese do !-(benzilideno substituído)malonononitrilo (4a-4j)

Adicionou-se ao RBF uma mistura equimolar de malononitrilo e de vários aldeídos de arilo e 10 ml de etanol a 95%, depois adicionou-se trietilamina (TEA) gota a gota [catalítica]. A mistura reacional foi agitada à temperatura ambiente durante 10 a 15 minutos. Após a conclusão da reação (monitorizada por TLC). A mistura reacional foi vertida em água gelada. O produto foi filtrado, seco e recristalizado a partir de etanol.

Síntese da 2,4-diamino-(6-substituída-fenil)pirimidina-5-carbonitrilo (6a-6j)

Uma mistura de 2 - (benzildeído substituído) malononitrilo (0,1 Mol) e cloridrato de guanidina (0,12 Mol) foi colocada em etanol. Em seguida, foi adicionada uma quantidade catalítica de pipiridina e refluxo durante 3-4 horas. A mistura reacional foi arrefecida até à temperatura ambiente e depois vertida gradualmente em gelo picado, com agitação. A mistura foi deixada em repouso durante meia hora e o sólido separado foi filtrado e lavado com água fria. O composto assim obtido foi seco e recristalizado em etanol.

Quadro 1 Constantes físicas da 2,4-diamino-(6-substituída-fenil)pirimidina-5-carbonitrilo (6 a-j)

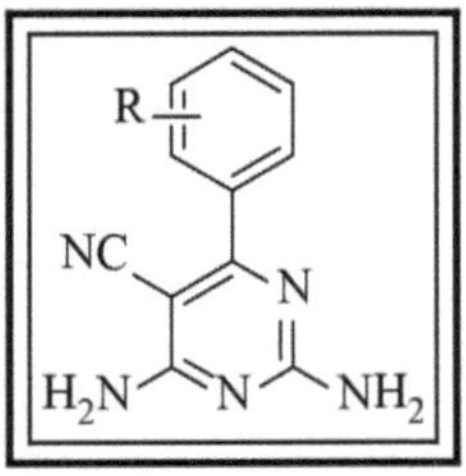

Sr.No.	Compound	R	M.F.	M.Wt Gm/Mol	M.P. ^{0}C	Yield (%)
1	6a	3-NO$_2$	C$_{11}$H$_8$N$_6$O$_2$	256.22	300	78
2	6b	4-Cl	C$_{11}$H$_8$N$_5$Cl	245.67	162	86
3	6c	2-Cl	C$_{11}$H$_8$N$_5$Cl	245.67	178	81
4	6d	2,4-Cl	C$_{11}$H$_7$N$_5$Cl$_2$	280.10	168	77
5	6e	4-Br	C$_{11}$H$_8$N$_5$Br	290.12	146	85
6	6f	3-OCH$_3$	C$_{12}$H$_{11}$N$_5$O	241.25	134	68
7	6g	3,4,5-OCH$_3$	C$_{14}$H$_{15}$N$_5$O$_3$	301.30	120	71
8	6h	2-CN	C$_{12}$H$_8$N$_6$O	236.23	150	79
9	6i	-C$_{10}$H$_7$	C$_{15}$H$_9$N$_5$	261.28	128	68
10	6j	-C$_6$H$_5$	C$_{11}$H$_9$N$_5$	211.09	214	89

Sistema TLC Hexano: Acetato de etilo 5:5

DADOS ESPECTRAIS

2,4-diamino-6-(3-nitrofenil)pirimidina-5-carbonitrilo (6a): IR (V$_{max}$ cm^{-1} , KBr) M.P. 300^0 C; 3444, 3310 cm^{-1} (N-H str.) ; 3167 cm^{-1} (C-H aromático str.) ;2369, 225o cm^{-1} (-C≡N str.) ; 1653, 1554 cm^{-1} (-C=C aromático Skeloton) ; 794 & 750 cm^{-1} (1,3-disub. aromático)^1 HNMR (400 MHz, DMSO-d6): δ$_{ppm}$. 8,57 (d, 1H), 8,39 (d, 1H), 8,26-8,24 (d, 1H), 7,84-7,80 (t, 2H), 7,287,09 (m, 4H); MS: m/z = 256 [M]$^+$;Anal. Calcd forCnHsNeOi^, 51.56; H, 3.15; N, 32.80; O, 12.49, Yield = 78%

ESTUDO ESPECTRAL DOS COMPOSTOS SINTETIZADOS

Espectro de massa da 2,4-diamino-6-(3-nitrofenil)pirimidina-5-carbonitrilo (6a)

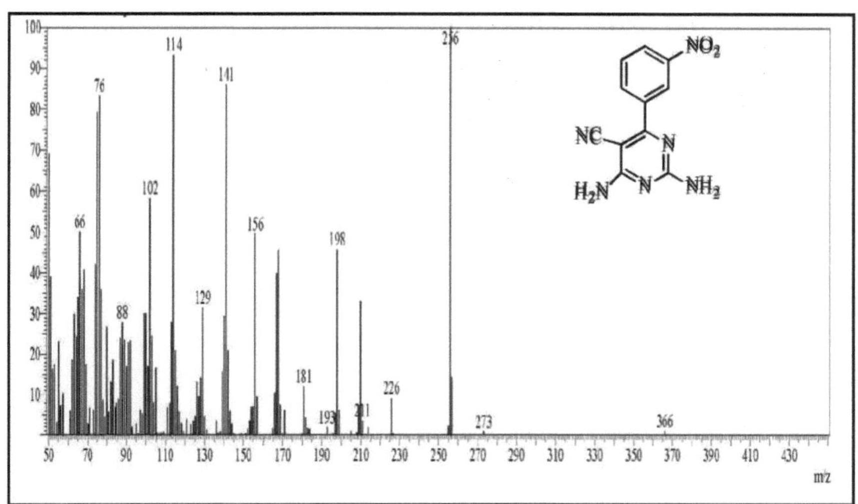

Espectro de IV da 2,4-diamino-6-(3-nitrofenil)pirimidina-5-carbonitrilo (6a)

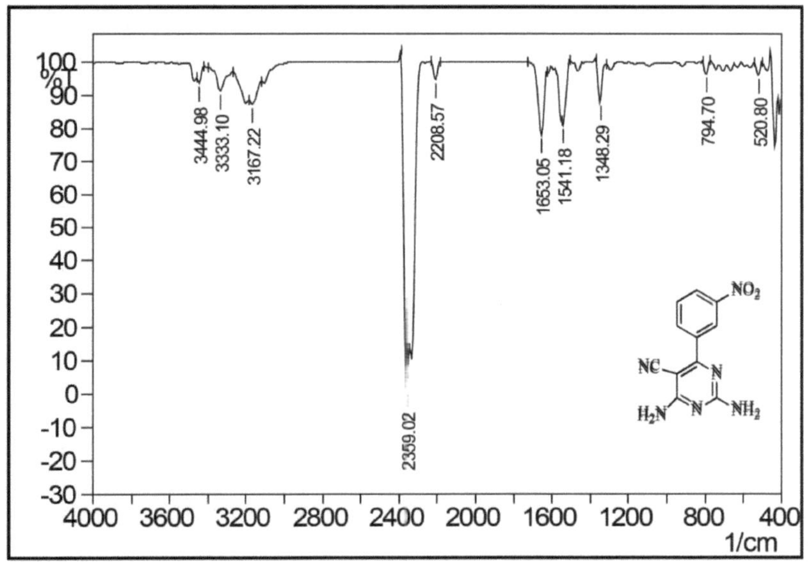

Espectro de RMN do 2,4-diamino-6-(3-nitrofenil)pirimidina-5-carbonitrilo (6a)

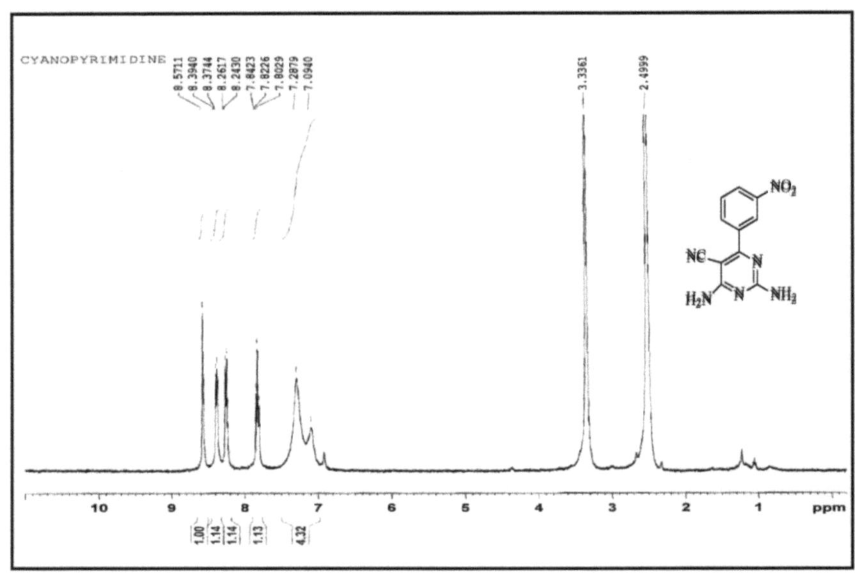

Região alargada de 6a

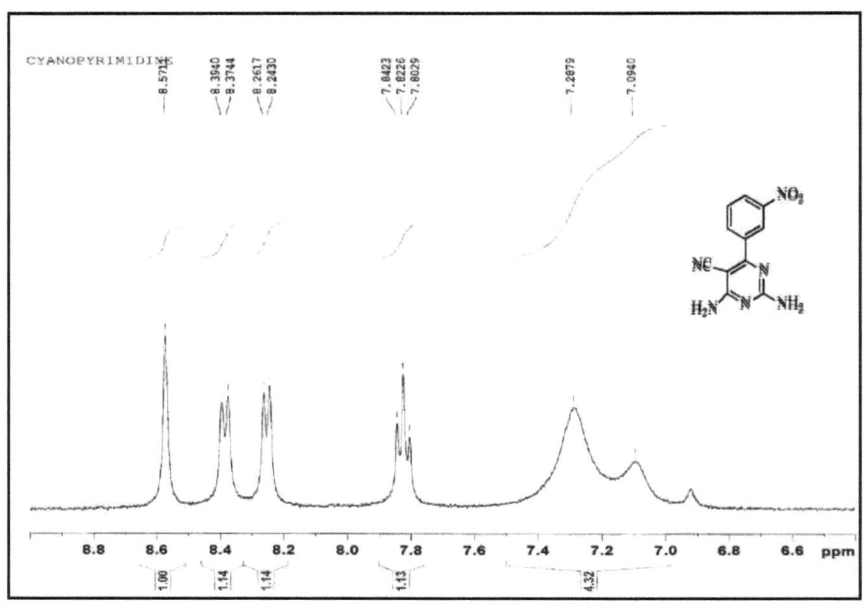

REFERÊNCIAS

1. T.Eicher, e S. Hauptmann, 2nd edn. Wiley-VCHVerlag GmbH, Weinheim *(2003)*, 10, 239-247.

2. A.Verma, L.Sahu, N.Chaudhary, T.Dutta, D.Dewangan ,D.K.TripathiIssue A.J.B.P.R. *(2012).* 2, 2231-2560.

3. Y. H. Ju; R. S.Varma, TettLett .*(2005)*, 46, 60II60I4.

4. E. J. Noga; G. T. Barthalmus. Cell Biol. Int. Rep.*(1986)*, 10, 239-247.

5. F. A. Luzzio, M. T.Wlodarczyk, TetrahedronLett.*(2009)*, 50, 580-583.

6. F. Gomez-Contreras, P. Navarro. J. Het. Chem.*(1979)*, 16, 1035-1040.

7. M. M. Herav, B.Baghernejad, H. A. Oskooie,Tetrahedron Lett.*(2009)*, 50,767-769.

8. S. Madapa, Z.Tusi, A. Mishra, K.Srivastava, S. K.Pandey, R. Tripathi, S. K.Puri, S.Batra, Bioorg. Med. Chem. *(2009)*, 17,222-234.

9. N. Fujiwara, T. Nakajima, Y. Ueda, H. Fujita, H. Kawakami, Bioorg. Med. Chem. *(2008)*, 16,9804-9816.

10. F. Gomez-Contreras, M. Lora-Tamayo, P. Navarro, M.Pardo, Tetrahedron*(1978)*, 34, 3499-3504.

11. W.Eberbach, H. Fritz, N. Labe,Angew. Chem. Int. Ed.*(1998)*, 27, 568-569.

12. C. Munro-Leighton, S. A.Delp, N. M. Alsop, E. D. T. Blue, B. Gunnoe, Chem. Commun .*(2008)*, 111-113.

13. N. Azas, P.Rathelot, S.Djekou, F.Delmas, A.Gellis, C. Di Giorgio, P.Vanelle, P. Timon-David, Farmaco*(2003)*, 58, 1263-1270.

14. A. Agarwal, K. Srivastava, S. K.Puri, P. M. S.Chauhan, Bioorg. Med. Chem.*(2005)*, 13, 4645-4650.

15. OP. Agarwal, Organicchemistry, *Reaction and Reagent*, *(2006)*, 735.

16. L.Rong, H. Han , L.Gao , Y. D.Minxia Cao &ShujiangTu Syn. Commun. *140: 504-509,* *(2010).*

17. *Defect and Diffusion Forum, 326-328 Difusão em Sólidos e Líquidos VII, 372-376; (2012)*

18.	H. Sheibani,A. S. Saljoogi, andA.BazgirARKIVOC*(2008) (ii) 115-123*

19.	K. S. Jain Swapnil K. Chaudhari, S. Nikhil, D. Kapil, A Sachin . M. K. Wakedkar, Kathiravan Int. J. of Org. Chem., *(2011)*, 1, *47-52*

20.	S. X. Shan, Y.Shimin Tao Yanhui, S. L. Rong X. W. ZhiminChem.Intermed. *(2012) 38:2435-2442*

21.	K. Yokota, M.Hagimori, N.Mizuyama,Y. Nishimura, H.Fujito, Y. Shigemitsu e Y.TominagaBeilsteinJ. Org. Chem. *(2012)*, *8,266-274.*

22.	L. Anderson, M. Zhou, V.Sharma, J. McLaughlin, D. Santiago, F.Fronczek, W.Guida, M. McLaughlin, J. Org. Chem., *(2010)*, *75, 4288.*

23.	V. Sharma, M. McLaughlin, *Journal of Combinatorial Chemistry* **(2010)**, *12*, 327.

24.	M. S. Al-Ajely, G. T.Sedeek, H. M. Al-Ajely, J. Edu. & Sci. *(2009)*, 22, *(2).*

25.	A. S. Karpov, T.M "uller, J. J.; Synthesis.*(2003)*, 18, *2815.*

26.	S. Yan, Y. TangYu, J. Lin, Helvetica ChimicaActa*(2011)*, 94, *487.*

27.	T. MariaCocco, C.Congiu, V.Lilliu e V.Onnis, Biorg. & Medi. Chem. *14 (2006) 366372*

28.	V. Iaroshenko, V. Specowiu,K.Vlach, M. Vilches-Herrera, D.Ostrovskyi, SMkrtchyan, A.Villinger, P. Langer, *Tetrahedron***(2011)**, *67*, 5663.

29.	S. Majumder, A. Odom,*Tetrahedron*, **(2010)**, *66*, 3152.

30.	A. Monks, D.Scudiero, P.Skehan, R. Shoemaker, K.Paull, D.Vistica, C. Hose, J. Langley, P. Cronise, A.Vaigro-Wolfe, J. Natl. CancerInst. *(1991)*, 83, *757-766.*

31.	M. R. Boyd, K. D. Paull, Drug Dev. Res. Molecules*(2012)*, 34, *91-109.*

32.	M. R. Boyd, B. A. Teicher, Ed.; Humana Press: Totowa, NJ, EUA, *(1997)*; Volume 2, pp. *23-43.*

33.	D. W. Ludovici,Bioorg. Med. Chem. Lett. *11 (2001) 2235-2239*

34.	V. Alagarsamy, U. S. Pathak e R. Revathi, Indianjournal of heterocyclic chem.*(2003) 12:335-338,*

35.	S. M. Desenko, V. V.Lipsum e N. I.Gorbenko, Journal of pharma. chem. *(1995); 29:265.*

36.	M. S. L. Kwee, e L. M. L.Stolk, Pharm. Weekbl. (Sci.), *(1984)*, 6, *101-104.*

37. *H. Mitsuya, P. Natl. Acad. Sci. USA,(1985), 82, 7096.*

38. *B. Chadwick, M. AddyandD. M. Walker*, Br. Dent. J.,*(1991), 71, 83-86*

39. *Gane'sChemWorks*, Patente dos EUA, *2715 125, (1955).*

CAPÍTULO 2: ESTUDOS SOBRE DERIVADOS DE XANTENOS

Introdução:

Os derivados de xanteno atraíram um interesse considerável devido às suas várias propriedades farmacológicas, tais como actividades antibacterianas, antivirais e anti-inflamatórias.[1],[2] Para além da sua utilização como precursores sintéticos valiosos para muitos compostos orgânicos[3] e corantes[4], também encontraram utilizações em tecnologias laser,[5a] e materiais fluorescentes para visualização de biomoléculas.[5b] Embora a citotoxicidade para as células cancerosas dos derivados de xanteno A (Fig. 1) tenha sido documentada[6a] recentemente, as propriedades anticancerígenas dos seus análogos saturados, por exemplo, 1,8-dioxo-octahidroxantenos C concebidos através de B (Fig. 1), não foram investigadas anteriormente. [6b]Além disso, tendo em conta o facto de o cancro ser a segunda principal causa de morte a nível mundial, é necessário identificar novos agentes anticancerígenos mais eficazes. Isto levou-nos a sintetizar e avaliar o potencial anticancerígeno dos 1,8-dioxo-octahidroxantenos in vitro. Um dos métodos habitualmente utilizados para a síntese de derivados de xanteno envolve a condensação de aldeído com 1,3-ciclohexanodiona ou 5,5-dimetil-1,3-ciclohexanodiona. Esta reação pode ser realizada na presença de ácidos protónicos[7] ou de uma gama de ácidos de Lewis, como o $InCl_3 .4H_2 O$,[8] $FeCl_3 /8H_2 O$,[9] $NaHSO_4$,[10] ou catalisadores heterogéneos, tais como Dowex-50W,[11] $NaHSO_4 /SiO_2$,[12] ácido sulfúrico de sílica,[13] p-toluenossulfonato de polianilina,[14] PPA-SiO2,[15] TiO_2/SO_4,[2] Amberlyst-15, $SbCl_3 /SiO_2$, ou Fe^{3+}-montmorillonite. Entre os outros catalisadores utilizados incluem-se o cloreto de trimetilsililo, o ácido p-dodecilbenzenossulfónico, o cloreto de trietilbenzilamónio ou o $NH_2 SO_3 /SDS$. Adicionalmente, a reação de condensação acima referida pode também ser realizada em líquido iónico ou etilenoglicol. No entanto, algumas dessas metodologias sofrem de desvantagens, como baixos rendimentos.[14,15]

O nitrato de amónio cérico(IV) [$(NH_4)_2 Ce(NO_3)_6$ ou CAN] surgiu como um catalisador útil para a construção de várias ligações carbono-carbono e carbono-heteroátomo.[16] Várias vantagens, tais como a sua excelente solubilidade em água, a sua natureza ecológica, a facilidade de manuseamento, a relação custo-eficácia, a elevada reatividade e a facilidade dos procedimentos de trabalho, fizeram do CAN um catalisador eficaz na síntese orgânica. Além disso, o CAN é capaz de catalisar várias transformações orgânicas não só com base na sua capacidade de transferência de electrões, mas também com o seu papel como ácido de Bronsted.[17]

ASPECTOS SINTÉTICOS:

1.   Nemai C. Ganguli et. al. sintetizaram 7-arilbenzopirano[4,3-b]benzopirano-6,8 diones por reação de três componentes de 4-hidroxicumarina, aldeído aromático e 5,5 dimetilciclohexano-1,3-diona (dimedon) com catalisador de ácido bórico em condições aquosas-micelares.[19]

2.   JavadSafaei-Ghomi et.al. sintetizaram 1,8-dioxooctahidroxanteno através da reação de dimedão com vários aldeídos arilo utilizando nanopartículas de ZnO em condições sem solventes.[20]

3.   Biswanath Das et.al. sintetizaram 1,8-dioxo-octahidroxantenos por tratamento de aldeídos (aromáticos, heteroaromáticos e __alifáticos__) com 5,5-dimetil-1,3- ciclohexanodiona.[21]

4.   NajmedinAzizi et.al. sintetizaram derivados de tetracetona e xanteno através da reação de aldeídos e dimetilo utilizando o DES como solvente.[22]

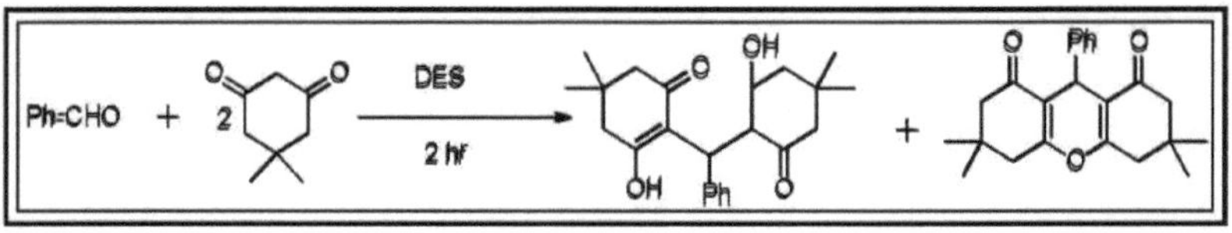

5. *Shweta kumari et.al. sintetizaram o 9-aril-1,8-dioxo-octahidroxanteno por reação de aldeídos aromáticos e o dimedão foi eficientemente promovido pelo catalisador TiO2 asa em acetonitrilo à temperatura ambiente sob irradiação ultra-sónica.*

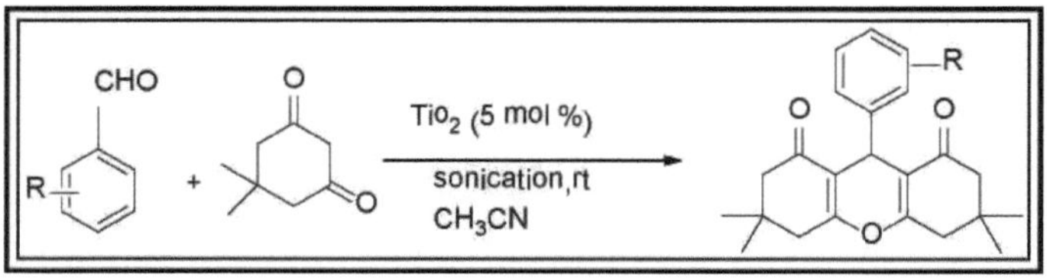

6. *Naveen Mulakayala et.al. sintetizaram 9-alquil/aril/heteroaril substituídos 3,3,6,6- tetrametil-3,4,5,6,7,9-hexahidro-1H-xanteno-1,8(2H)-dionas por reação de aldeídos de alquilo ou arilo em 2-propanol com dimedon utilizando CAN como catalisador sob irradiação de ultra-sons.[24]*

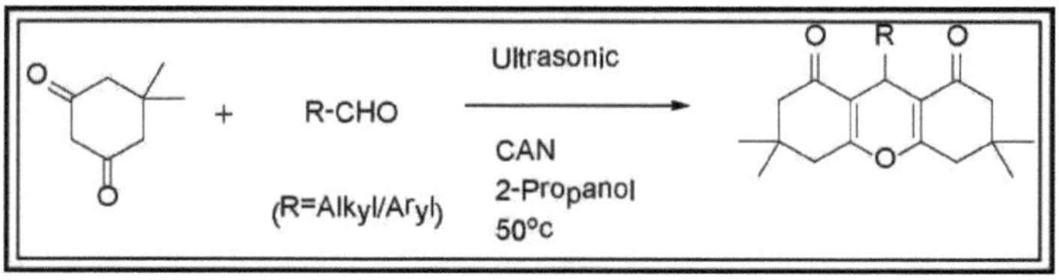

7. *Mohammad Ali Zolfigol et.al.sintetizaram 1,8-dioxo-octahidroxantenos a partir de dimedon e aldeídos aromáticos por reação sem solventes.[25]*

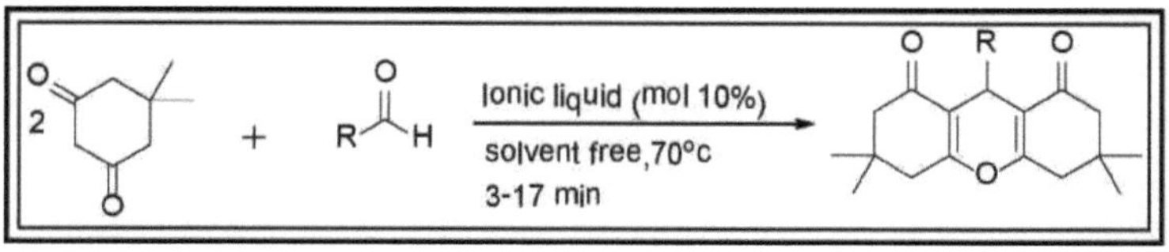

8. *Naveen Mulakayala et.al. sintetizaram 1,8-dioxo-octahidroxantenos a partir da reação do dimedão com aldeídos na presença de iodo molecular.[26]*

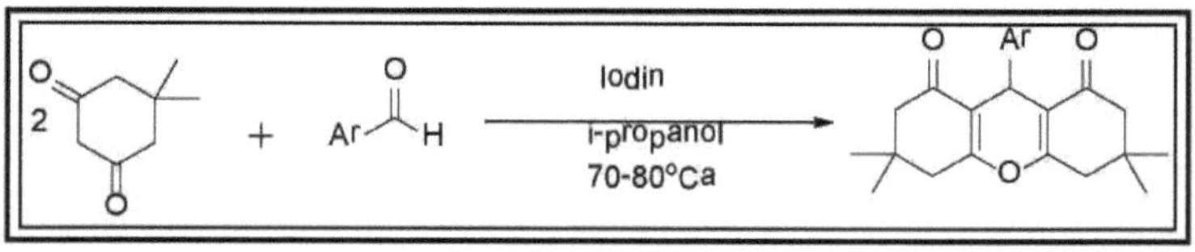

9. *Abhishek N. Dadhania et.al. sintetizaram derivados de 1,8-dioxo-octahidroxanteno através*

da reação entre aldeído e dimedão sob irradiação ultra-sónica à temperatura ambiente utilizando líquido iónico funcionalizado com carboxil-carboximetil-3-metilimidazólio tetrafluoroborato, [cmmim][BF4], sem qualquer catalisador adicionado.[27]

10. *Ali Reza Karimi e Fahimeh Bayat sintetizaram 9-(4-hidroxifenil)-3,3,6,6- tetrametil-3,4,5,6,7,9-hexa-hidro-1H-xanteno-1,8(2H)-diona a partir da reação de 4-hidroxibenzaldeído e dimedão utilizando DMF como solvente em micro-ondas.*[28]

11. P.P. Salvi et.al. sintetizaram 1,8-dioxo-octahidroxanteno através da reação de *benzaldeído* simples *e dimedão utilizando líquidos iónicos ácidos de Bronsted (BAILs) como catalisador.*[29]

12. *IrajMohammad et.al. sintetizaram derivados de 8-dioxo-octahidroxantenederivados através da reação de aldeído com dimedão, respetivamente, na presença de ZrO(OTf)2 como catalisador reutilizável em condições sem solventes*[30]

13. *MohammadaliBigdeli sintetizaram 3,3,6,6-tetrametil-9-aril-1,8-dioxoocta-hidroxantenos utilizando uma condensação num único lote de arilaldeídos e 5,5-dimetil-1,3-ciclohexandiona na presença de DABCO-bromo (TDB) como catalisador ácido.*[31]

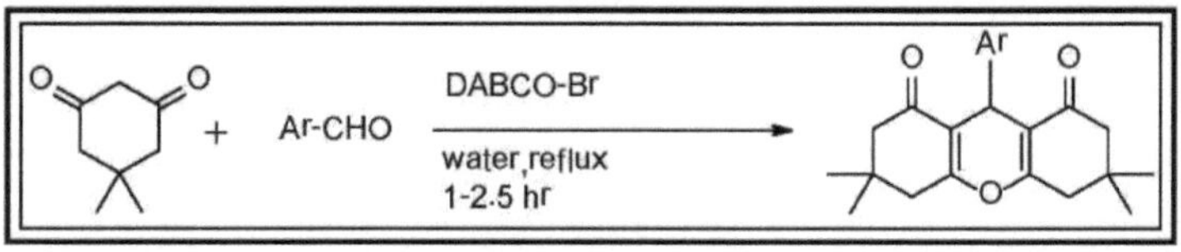

14. *Abbas Rahmati foram sintetizados Vários xantenos pela condensação de β-naftol, 2-hidroxinaftaleno-1,4-diona ou dimedona com vários aldeídos na presença de ácido trifluoroacético como catalisador em 1,1,3,3-N,N,N0,N0-tetramethylguanidinium trifluoroacetato (TMGT) líquido iónico no prazo de 1 h a 75-80⁰ C.*[32]

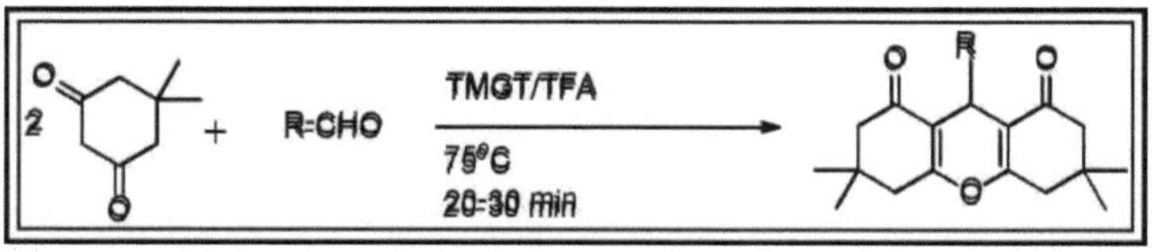

15. *Malek-Taher-Maghsoodlou et.al. sintetizaram o 1,8-dioxo-octahidroxanteno a partir da reação entre o dimedão e vários aldeídos em acetonitrilo na presença de catalisadores de cloreto de acetilo de ZnO.*[33]

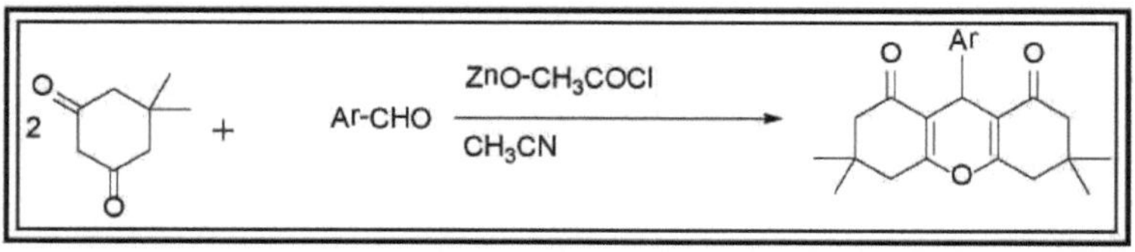

16. *Jianjun Li et.al. sintetizaram benzo[a]xantenos através da condensação de naftóis, aldeídos e compostos de 1,3-dicarbonilo em água.*[34]

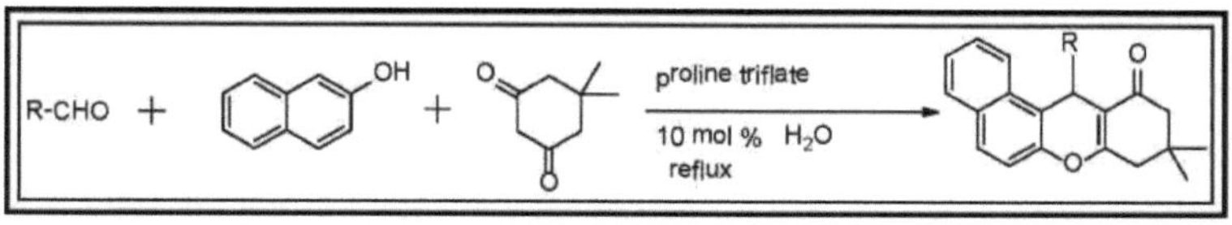

17. *Mohammad A. Bigdeliet.al. a síntese de 1,8-dioxooctahidroxantenos utilizando ácido tricloroisocianúrico (TCCA) através da reação entre vários aldeídos e dimedão.*[35]

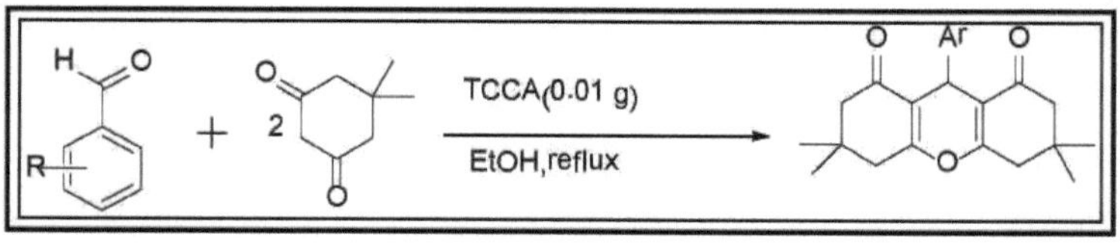

18. *Fei He et.al. sintetizaram 3,3,6,6-tetrametil-9-(4-nitrofenil)-3,4,5,6,7,9-hexa-hidro-xanteno-1,8(2H)-diona a partir de 4-nitro benzaldeído e dimedão em glicerol.*[36]

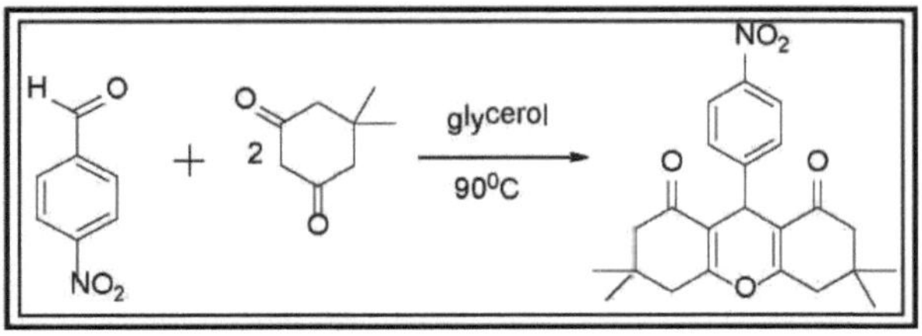

19.   GholamHossein Mahdavinia et.al. sintetizaram 1,8-dioxoocta-hidroxantenos em condições sem solventes catalisadas por ácido sulfónico ancorado covalentemente na superfície do gel de sílica. Foram utilizados todos os tipos de aldeídos, incluindo aromáticos, insaturados e heterocíclicos.[37]

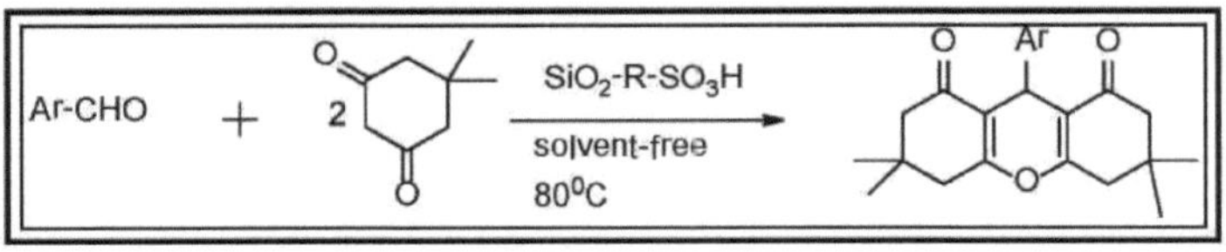

20.   P. Srihari et.al. sintetizaram derivados de 1,8-dioxooctahidroxanteno através da reação entre vários aldeídos e dimedão, na qual o PMA-SiO2 foi utilizado como um catalisador eficiente.[38]

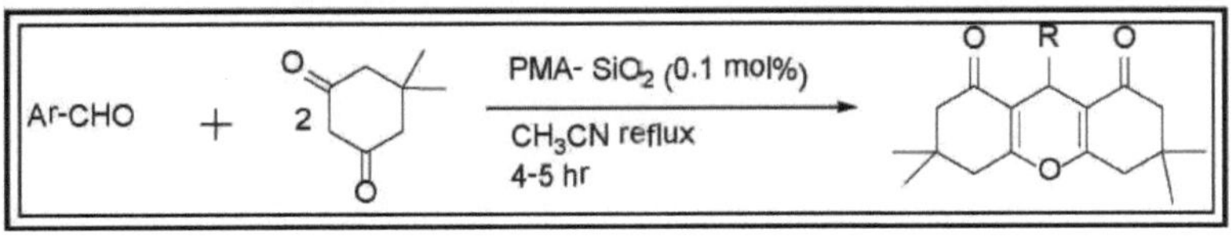

SÍNTESE DE 3,3,6,6-TETRAMETIL-9- FENIL-3,4,5,6,7,9-HEXA-HIDRO-1H-XANTENO-1,8(2H)-DIONA(3A-3F) SUBSTITUÍDA

ESQUEMA DE REACÇÃO

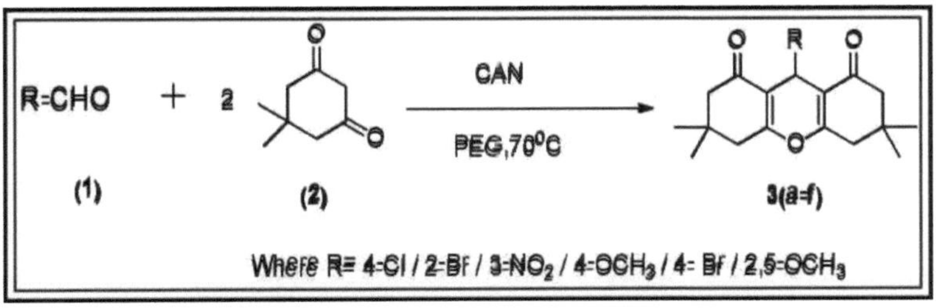

A constituição de todos os compostos sintetizados foi caracterizada através de análise elementar, FT-IR,[1] H NMR espetroscopia e ainda apciada por espetroscopia de massa. A pureza de todos os compostos foi verificada por cromatografia em camada fina.

MECANISMO DE REACÇÃO

25

SECÇÃO EXPERIMENTAL:

Materiais e métodos

Os pontos de fusão foram determinados em tubos capilares abertos e não estão corrigidos. A formação dos compostos foi verificada por TLC em placas de sílica gel-G de 0,5 mm de espessura e as manchas foram localizadas com iodo. Os espectros de IV foram registados no instrumento Shimadzu FT-IR-8400 utilizando o método de pastilhas de KBr. Os espectros de massa foram registados no modelo GC-MS-QP-2010 da Shimadzu utilizando a técnica de sonda de injeção direta. [1]A RMN de H foi determinada no solvente DMSO-d6 num espetrómetro Bruker Ac 400 MHz.

Síntese da 3,3,6,6-tetrametil-9-fenil-3,4,5,6,7,9-hexa-hidro-lH-xanteno-l,8(2H)-diona 3(a-f).

Uma mistura de vários aldeídos de arilo (10 mmol) l, 5,5-dimetil-1,3-ciclo-hexandiona (20 mmol) 2, nitrato de amónio cérico (10 mol%) e polietilenoglicol (10 ml) foi aquecida a uma temperatura de 65-75° C até à conclusão da reação (cerca de 4-5 horas). A conclusão da reação foi monitorizada por TLC. Após a conclusão da reação, o produto em bruto foi precipitado em meio aquoso. O produto obtido foi filtrado, seco e (para purificação posterior) recristalizado a partir de etanol.

As constantes físicas dos produtos estão registadas no **quadro 2.**

Quadro 2 Constantes físicas da 3,3,6,6-tetrametil-9- fenil-3,4,5,6,7,9- hexa-hidro-lH-xanteno-l,8(2H)-diona substituída:

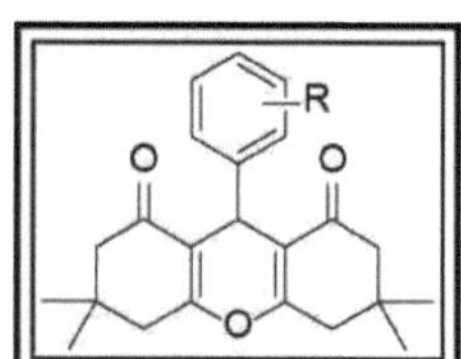

26

Sr. No	Compound	R	M.F.	M. wt. Gm/mol	M.p.	Yield (%)
1.	3a	4-Cl	$C_{11}H_{25}O_3Cl$	383.5	120 ^{0}C	79
2.	3b	2-Br	$C_{23}H_{25}O_3Br$	428	146 ^{0}C	82
3.	3c	3-NO$_2$	$C_{23}H_{25}O_5N$	394	128 ^{0}C	84
4.	3d	4-OCH$_3$	$C_{24}H_{28}O_4$	379	156 ^{0}C	80
5.	3e	4-Br	$C_{23}H_{25}O_3Br$	428	184 ^{0}C	78
6.	3f	2,5-OCH$_3$	$C_{25}H_{30}O_5$	409	168 ^{0}C	81

Sistema de solventes TLC haxeno : acetato de etilo - 5:5.

DADOS ESPECTRAIS

9-(4-clorofenil)-3,3,6,6-tetrametil-3,4,5,6,7,9-hexa-hidro-lH-xanteno-l,8(2H)-diona.(3a).

IR IV$_{max}$ cm^1 , KBr); 2955 cm^1 (CH$_3$ str.);1653 cm^1 (C=C str.); 1492 cm^1 (C-H bend.); 1267 cm^i (C=0 str.); 1095 cm^{-1} (C-0 str.); 829 cm^{-1} (1,4 di substi.). ^{1}HNMR400 MHz (DMS0-d6); δ ppm 7,28-7,30(dd,2H), 7,17-7,19 (dd,2H), 4,49(s,1H), 2,50-2,60(m,4H), 2,25-2,29(d,2H), 2,06- 2,10(d,2H). MS; m/z: 384.15, Fórmula Química: C H$_{232}$ $_\varepsilon$ ClO$_{3r}$ Análise Elementar: C, 71,77%; H, 6,55%; Cl, 9,21%; O, 12,47%.

3,3,6,6-tetrametil-9-(3-nitrofenil)-3,4,5,6,7,9-hexa-hidro-lH-xanteno-l,8(2H)-diona. (3c).

IR (v$_{max}$ cm^{-1} , KBr); 2958 cm^{-1} (CH3 str.) 1703 cm^{-1} (R-C=O str.);1591-1527 cm^{-1} (C=C str.); 1237 cm^{-1} (-O-C=O str.); 1151 cm^{-1} (C-0 str); 802-837 cm^{-1} (1,3 di substi.). .). ^{1}H NMR 400 MHz (DMSO-d6); δ ppm 11,81(s,H), 7,94-7,98 (t,2H), 7,35-7,39(t,2H), 2,24-2,44(m,8H), 1,20(s,6H), 1,05(s,6H). MS ;m/z: 395,17 Fórmula química: C H$_{2325}$ NO$_5$ Análise elementar: C, 69,86%; H, 6,37%; N, 3,54%; O, 20,23%.

ESTUDO ESPECTRAL DOS COMPOSTOS SINTETIZADOS

Espectro de massa da 9-(4-clorofenil)-3,3,6,6-tetrametil-3,4,5,6,7,9-hexa-hidro-lH-xanteno-l,8(2H)-diona (3a).

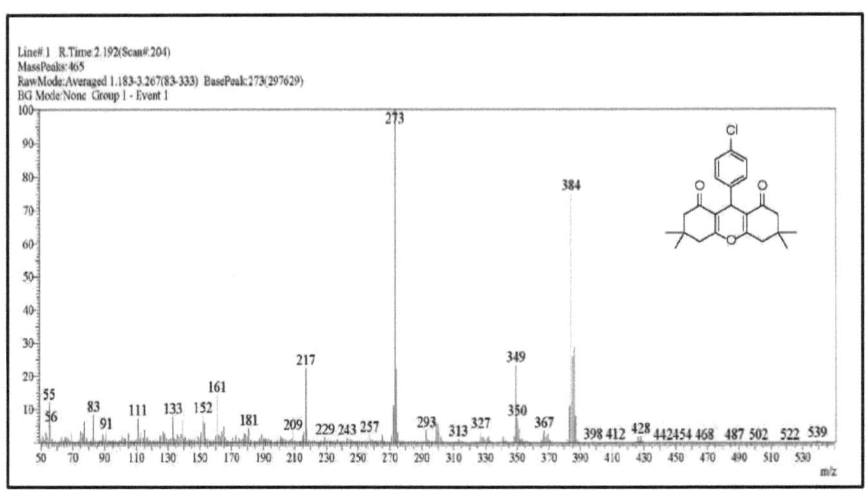

Espectro de infravermelhos da 9-(4-clorofenil)-3,3,6,6-tetrametil-3,4,5,6,7,9-hexa-hidro-lH-xanteno- l,8(2H)-diona(3a)

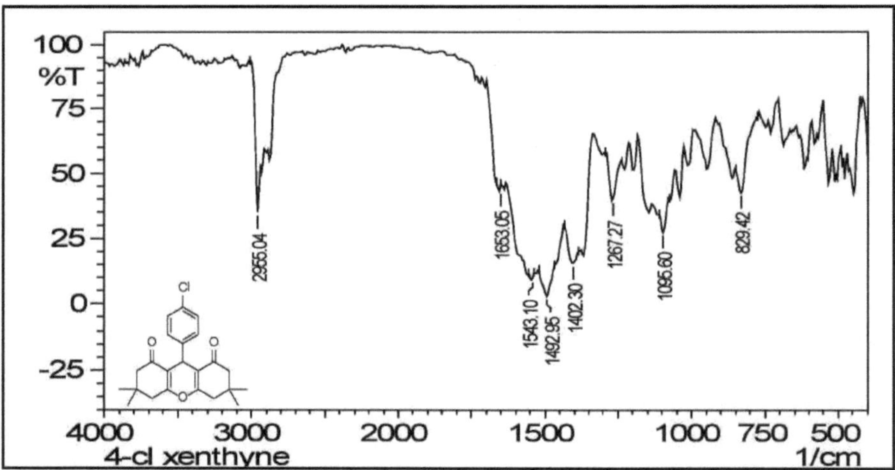

[1]Espectro de RMN de H da 9-(4-clorofenil)-3,3,6,6-tetrametil-3,4,5,6,7,9-hexa-hidro-lH-xanteno-l,8(2H)-diona(3a)

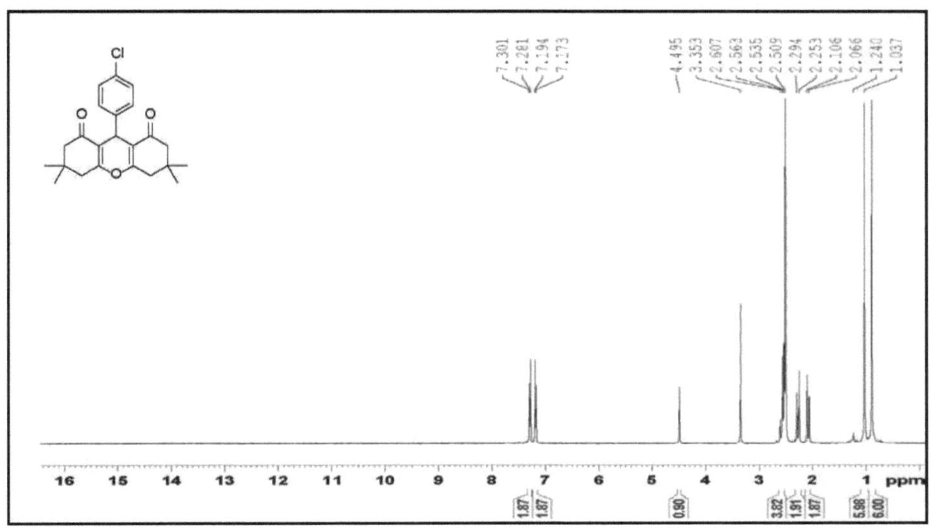

Espectro de massa da 9-(3-nitrofenil)-3,3,6,6-tetrametil-3,4,5,6,7,9-hexa-hidro-lH-xanteno-1,8(2H)-diona(3c)

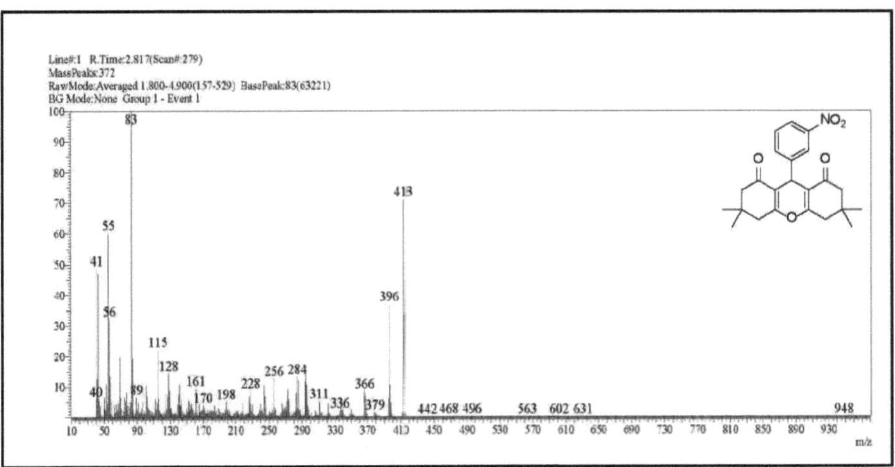

Espectro de infravermelhos da 9-(3-nitrofenil)-3,3,6,6-tetrametil-3,4,5,6,7,9-hexa-hidro-lH-xanteno- 1,8(2H)-diona(3c)

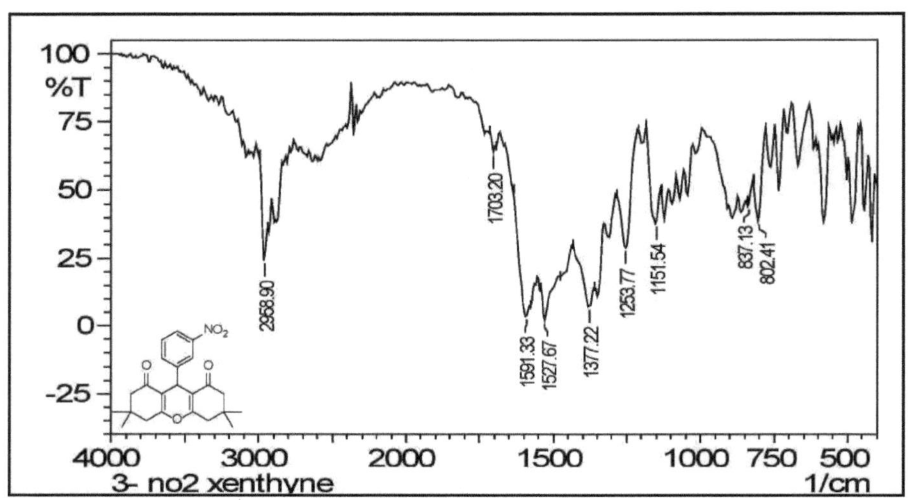

[1]Espectro de RMN de H da 9-(3-nitrofenil)-3,3,6,6-tetrametil-3,4,5,6,7,9-hexa-hidro-1H-xanteno-l,8(2H)-diona(3c)

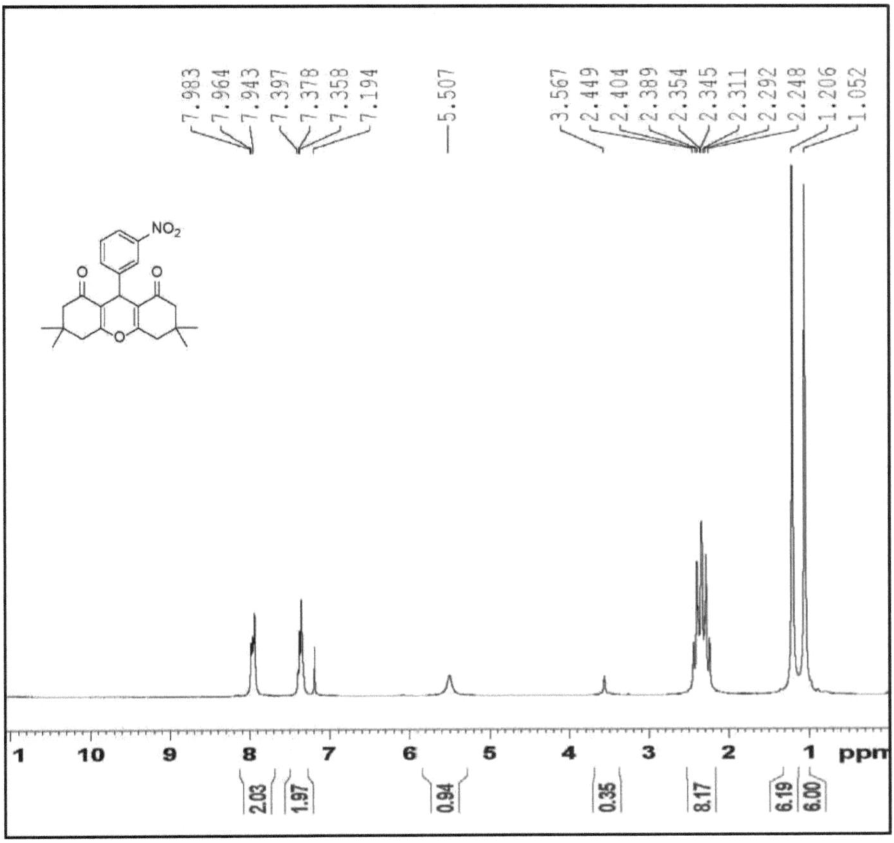

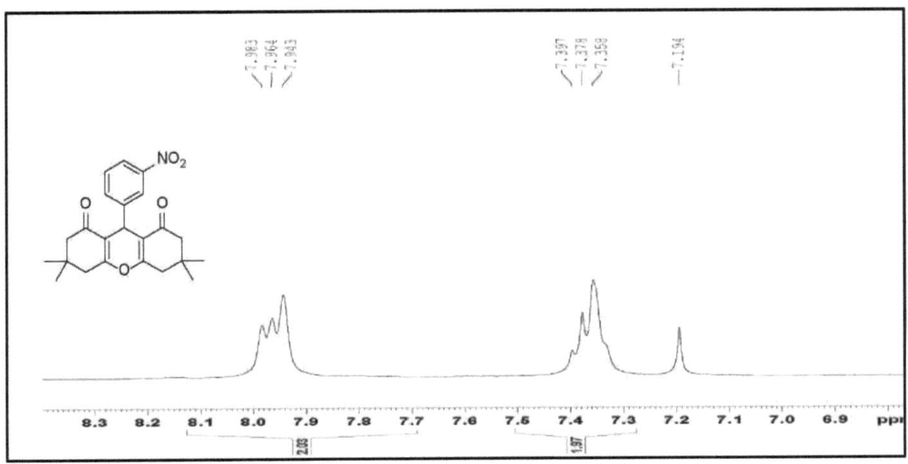

Região alargada de 3C (1)

Região alargada de 3C (2)

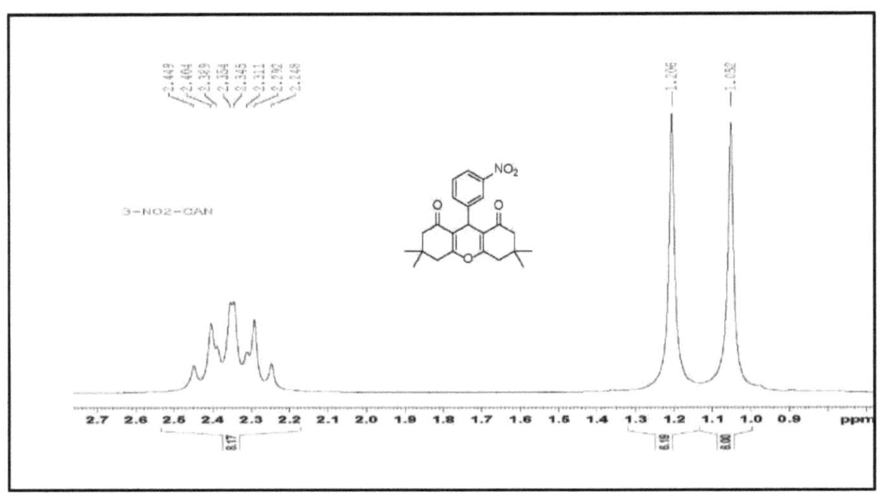

REFERÊNCIAS

1. *R.D. Jonathan,K.R. Srinivas,E.B. Gle. Eur. J. Med. Chem.* **(1988)**, *23, 111.*

2. *(a)J.Robak, R.J.Gryglewski. J. Pol. Pharmacol.***(1996)**, *48, 555; (b)H.K.Wang,S.L.Morris-Natschke,K.H. Lee. Med. Res. Rev.***(1997)**, *17, 367; (c)A.V.Rukavishnikov,M.P. Smith,G.B. Birrell,J.W.F. Keana, O.H. Griffith. Tett. Lett.***(1998)**, *39, 6637.*

3. *Y.M. Shchekotikhin, T.G. Nikolaeva, .Chem. Heterocycl. Compd.* **(2006)**, *42, 28.*

4. *S.A.Hilderbrand,R. Weissleder. Tett. Lett.* **(2007)**, *48, 4383.*

5. *(a)G. Pohlers,J.C.Scaiano. Chem. Mater.* **(1997)**, *9, 3222; (b) C.G.Knight, T.Stephens. Biochem. J.***(1989)**, *258, 683.*

6. *(a) R. Giri,J.R. Goodell,C. Xing,A. Benoit,H. Kaur,H. Hiasa,D.M. Ferguson.Bioorg. Med. Chem.***(2010)**, *18, 1456; (b)D.M. Parkin,F. Bray,J. Ferlay,P. Pisani. Cancer J. Clin.* **(2005)**, *55, 74.F.Darviche,S. Balalaie,F.Chadegani,P. Salehi. Synth. Commun.* **(2007)**, *37,1059.*

7. *X. Fan, X. Hu, X. Zhang,J. Wang. Can. J. Chem.* **(2005)**, *83, 16.*

8. *X.S.Fan, Y.Z.Li, X.Y. Zhang, X.Y. Hu, J.J. Wang. Chin. J. Org. Chem.***(2005)**,*25, 1482.*

9. *J. j.Ma,J.C. Li,R.X. Tang,X. Zhou,Q.H. Wu,C. Wang,M.M.Zhang,Q. Li.Chin. J. Org. Chem.***(2007)**, *27, 640.*

10. *G.I.Shakibaei,P. Appl. Catal., A***(2007)**, *325,188.*

11. *B.Das,P. Thirupathi,K.R. Reddy, B. Ravikanth, L. Nagarapu. Catal. Com.***(2007)**, *8, 535.*

12. *M.Seyyedhamzeh,P. Mirzaei,A. Bazgir. Dyes Pigm.***(2008)**, *86,836.*

13. *A.John,P.J.P.Yadav,S.J. Palaniappan. Mol. Catal. A: Chem.(2006), 248, 121.*

14. *S.Kantevari,R. Bantu,L.J. Nagarapu. Mol. Catal. A: Chem.(2007), 269, 53.*

15. *N. Mulakayala. Bioorg. Med. Chem. Lett.(2012) 22,2186.*

16. *K. Itoh, A.C. Horiuchi. Tet. Lett.(2004), 60, 1671.*

17. *V. Nair,A. Deepthi. Chem. Rev.(2007), 107, 1862.*

18. *N. Mulakayala, G.P. Kumar , D. Rambabu , M. Aeluri , M. V. BasaveswaraRao, M.Pal. Tett. Lett.(2012), 53, 6923.*

19. *N. C. Ganguly,S. Roy, e P. Mondal, Syn. Comm.,(2014), 44, 433.*

20. *J.S.Ghomi , M. Ghasemzadeh.Chin, Chem. Lett.(2010),23, 1225.*

21. *B.Das, J. Kashanna, A. Rathod ,P.Jangili, Syn. Comm.(2012) ,1, 42, 2876.*

22. *N. Azizi ,S.Dezfooli , M. Hashemi. C. R. Chimie .(2013), 16 ,997.*

23. *S.kumari, A.shekhar ,D. D.pathak .Chem. Sci. Transactions(2014), 3(2), 3(2),652.*

24. *N.Mulakayala ,G.Kumar , D. Rambabu , M.Aeluri , M. V..BasaveswaraRao,M.Pal. Tett. Lett.(2012),53, 6923.*

25. *M.Zolfigol , V.Khakyzadeh , A.RezaMoosavi-Zare ,A. Zare , S. B. Azimi , Z.Asgari , A. Hasaninejad. C. R. Chimie (2012), 15 ,719.*

26. *N.Mulakayala , P.V.N.S. Murthy , D. Rambabu , M.Aeluri , R.Adepu ,G. R. Krishna , C. M. Reddy , K.RS. Prasad , M. Chaitanya , C. S. Kumar ,M.V. BasaveswaraRao , M. Pal. Biorg. Medi. Chem. Lett.(2012), 22, 2186.*

27. *A. N. Dadhania, V. K. Patel, D. K. RavalC. R. Chimie(2012), 15, 378.*

28. *A.R. Karimi, F.Bayat. Tett. Lett. (2012), 53, 123.*

29. *P.P. Salvi , A.M. Mandhare , A.S. Sartape , D.K. Pawar , S.H. Han , S.S. Kolekar. C. R. Chimie. (2010),14, 883.*

30. *I.Baltork, M. V.Mirkhani, S. Tangestaninejad, H. Tavakoli.Chin, Chem. Lett. (2011),22 , 9.*

31. *MohammadaliBigdeli, Chin. Chem. Lett. (2010),21 , 1180.*

32. *A. RahmatiChin, Chem. Lett.(2010), 21 ,761.*

33. *M.Maghsoodlou,S.Mostafa,H.Khorassani,Z. Shahkarami, N.Maleki, M.Rostamizadeh, Chin. Chem. Lett. (2010),21, 686.*

34. *J. Li, L.Lu,W.Su, Tett. Lett. (2010),51 ,2434.*

35.   *M.A.Bigdeli, F. Nemati , G. H. Mahdavinia ,H. Doostmohammadi, Chin. Chem.Lett.(2009),20 ,1275.*

36.   *F.He,P.Li,Y. Gu, G. Li, Green Chem (2009), 11, 1767.*

37.   *G.H. Mahdavinia , M. A. Bigdeli , Y. S.Hayeniaz. Chin. Chem. Lett.(2009) , 20 , 539.*

38.   *P. Srihari, S.S. Mandal, J.S.S. Reddy, R. SrinivasaRao, J.S. Yadav, Chin. Chem. Lett.(2008), 19 , 771.*

CAPÍTULO 3: CROMATOGRAFIA EM COLUNA

CROMATOGRAFIA

INTRODUÇÃO

O tema foi introduzido no mundo científico de uma forma muito modesta por M. Tswett em 1906. Utilizou esta técnica para separar vários pigmentos, como as clorofilas e as xantofilas, fazendo passar uma solução destes compostos através de uma coluna de vidro cheia de carbonato de cálcio finamente dividido. Mais tarde, esta técnica foi designada *por cromatografia de adsorção líquido-sólido*. Mais ou menos na mesma altura, Thompson e Way aperceberam-se das propriedades de permuta iónica dos solos. Quase três décadas depois, em 1935, Adams e Holmes observaram o carácter de permuta iónica em fonógrafos triturados. Esta observação particular abriu o campo para os permutadores de resinas orgânicas sintéticas. A partir daí, o tema da *cromatografia de permuta iónica* começou a expandir-se na sua utilidade. O conceito de *cromatografia gás-líquido* foi introduzido pela primeira vez por Martin e Synge em 1941. Foram também responsáveis pelo desenvolvimento da cromatografia de partição líquido-líquido. Além disso, em 1944, no laboratório de Martin, *foi comunicada* a separação de aminoácidos por *cromatografia em papel*. Este facto fez com que as pessoas se apercebessem da importância de uma técnica tão simples para separações fastidiosas. Simultaneamente, estavam a ser feitos esforços para compreender os aspectos teóricos da cromatografia. O ponto alto de todas estas actividades ocorreu em 1952, quando as contribuições de Martin e Synge foram reconhecidas e lhes foi atribuído o Prémio Nobel pelo seu trabalho em cromatografia.

DEFINIÇÃO

Cromatografia (do grego *chroma* "cor" e graphein "escrever") é o termo coletivo para um conjunto de técnicas laboratoriais para a separação de misturas. A mistura é dissolvida num fluido chamado *fase móvel,* que a transporta através de uma estrutura que contém outro material chamado *fase estacionária.* Os vários constituintes da mistura deslocam-se a velocidades diferentes, provocando a sua separação. A separação é baseada na partição diferencial entre as fases móvel e estacionária.

PRINCÍPIO

A cromatografia é geralmente constituída por uma fase móvel e uma fase estacionária. A fase móvel refere-se à mistura de substâncias a separar dissolvidas num líquido ou num gás. A fase estacionária é uma matriz sólida porosa através da qual a amostra contida na fase móvel percola. A interação entre a fase móvel e a fase estacionária resulta na separação do composto da mistura.

CLASSIFICAÇÃO

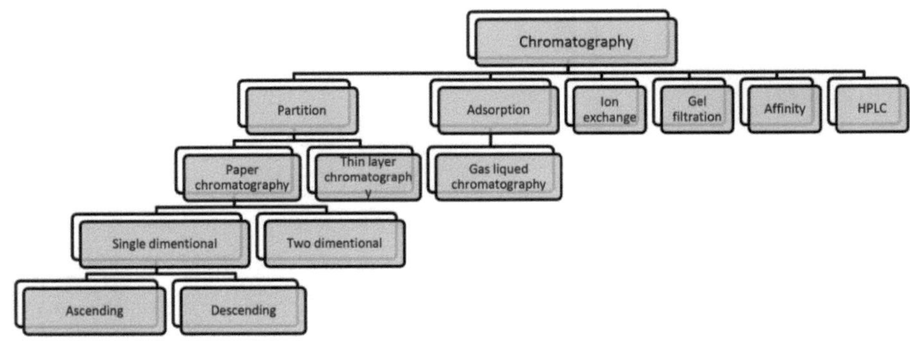

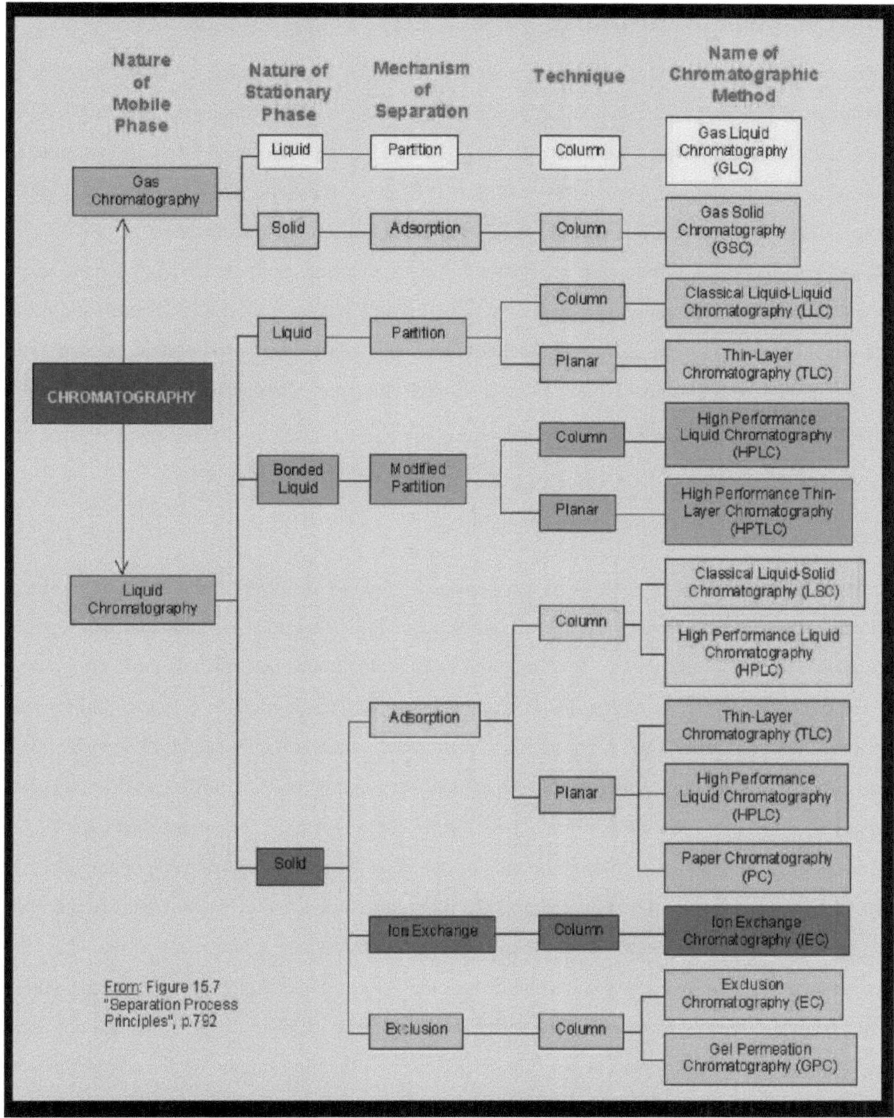

CROMATOGRAFIA DE PARTIÇÃO

Na cromatografia de partição, a fase estacionária é um líquido não volátil que é mantido como uma camada fina (ou película) na superfície de um sólido inerte. A mistura a separar é transportada por um gás ou um líquido como fase móvel. Os solutos distribuem-se entre a fase móvel e a fase estacionária, sendo que o componente mais solúvel da fase móvel chega primeiro ao final da coluna cromatográfica. A cromatografia em papel é um exemplo de cromatografia de partição.

CROMATOGRAFIA DE ADSORÇÃO

A cromatografia de adsorção foi a primeira a ser desenvolvida. Tem uma fase estacionária sólida e uma fase móvel líquida ou gasosa. (Os pigmentos das plantas foram separados no início do século XX, utilizando uma fase estacionária de carbonato de cálcio e uma fase móvel de hidrocarbonetos líquidos. Os diferentes solutos percorriam distâncias diferentes através do sólido, transportados pelo solvente). Cada soluto tem o seu próprio equilíbrio entre a adsorção na superfície do sólido e a solubilidade no solvente, sendo que os menos solúveis ou mais bem adsorvidos viajam mais lentamente. O resultado é uma separação em bandas que contêm solutos diferentes. A cromatografia líquida que utiliza uma coluna de sílica gel ou alumina é um exemplo de cromatografia de adsorção. O solvente que é colocado numa coluna é designado por eluente e o líquido que sai da extremidade da coluna é designado por eluído.

CROMATOGRAFIA EM COLUNA

INTRODUÇÃO

A cromatografia em coluna é outra técnica de separação comum e útil em química orgânica. Este método de separação envolve os mesmos princípios que a TLC, mas pode ser aplicado para separar quantidades maiores do que a TLC. A cromatografia em coluna pode ser utilizada tanto em grande como em pequena escala. As aplicações desta técnica são de grande alcance e atravessam muitas disciplinas, incluindo a biologia, a bioquímica, a microbiologia e a medicina. Muitos antibióticos comuns são purificados por cromatografia em coluna. Para compreender a utilização desta técnica de separação, podemos utilizar a última experiência como exemplo. Na experiência de TLC, separámos e analisámos os diferentes componentes que constituem os analgésicos de venda livre. A técnica de TLC foi útil para determinar o tipo e o número de ingredientes da mistura, mas não foi útil para recolher os componentes separados. Só conseguimos separar e visualizar as manchas. Se fosse necessário recolher os materiais separados, poder-se-ia recorrer à cromatografia em coluna. Podemos colocar 100 mg de um comprimido de aspirina triturado numa coluna constituída por uma fase estacionária de sílica e separar a aspirina da cafeína, recolhendo cada um destes compostos em copos separados. A cromatografia em coluna permite-nos separar *e* recolher os compostos individualmente. Nesta experiência, a cromatografia em coluna (abreviadamente designada por CC) será utilizada para separar o material de partida do produto da oxidação do fluoreno em flourenona e a TLC será utilizada para monitorizar a eficácia desta separação

SELECÇÃO DA FASE ESTACIONÁRIA

Tal como na TLC, a alumina e a sílica são as duas fases estacionárias mais populares na cromatografia em coluna. Para estas fases comuns, a partição funciona de forma análoga. A amostra mais polar será retida na fase estacionária durante mais tempo. Assim, o composto menos polar eluirá primeiro da coluna, seguido de cada composto por ordem crescente de polaridade

Embora as interacções entre a fase móvel e a fase estacionária se baseiem nos mesmos princípios para a CC e a TLC, é necessário ter cuidado ao prever a ordem de eluição. Uma vez que a direção do fluxo do solvente na TLC se move para cima e na CC o solvente flui para baixo, parece que a ordem está "de pernas para o ar". Na TLC, as moléculas mais polares terão valores de R_f mais baixos, mas na CC ficarão retidas durante mais tempo na coluna. Lembre-se disto quando considerar as polaridades da fase estacionária e a polaridade dos compostos a separar ao prever a ordem de eluição.

As fases estacionárias para CC podem ser fornecidas numa variedade de tamanhos, actividades, variações ácidas e básicas, tanto para a alumina como para a sílica. Os tipos de fase estacionária escolhidos são determinados experimentalmente ou, muitas vezes, com base nos resultados de uma experiência anterior de TLC. O tipo de adsorvente, o tamanho da coluna, a polaridade da fase móvel e a velocidade de eluição afectam a separação. Estas condições podem ser manipuladas para obter a melhor separação para a sua mistura.

SELECÇÃO DA FASE MÓVEL

Os sistemas de solventes a utilizar como fases móveis na CC podem ser determinados a partir de experiências anteriores de TLC, da literatura ou experimentalmente. Normalmente, uma separação começa com a utilização de um solvente não polar ou de baixa polaridade, permitindo que os compostos se adsorvam à fase estacionária e, em seguida, mudando lentamente a polaridade do solvente para dessorver os compostos e permitir que viajem com a fase móvel. A polaridade dos solventes deve ser alterada gradualmente. Algumas combinações típicas de solventes são ligroína-diclorometano, hexano-acetato de etilo e hexano-tolueno. Muitas vezes, uma proporção determinada experimentalmente destes solventes pode separar suficientemente a maioria dos compostos. Normalmente, não são utilizados solventes como o metanol e a água, uma vez que podem destruir a integridade da fase estacionária, dissolvendo parte do gel de sílica.

APARELHOS

As colunas podem ser tão finas como um lápis ou ter um diâmetro de vários metros em processos industriais. Podem separar quantidades de miligramas a quilogramas de materiais. Nesta experiência, vamos separar uma mistura de aproximadamente 50 mg, pelo que pode ser utilizada uma coluna pequena. A figura 8.1 mostra a configuração típica que iremos utilizar durante esta experiência. É essencial ter à disposição vários frascos de Erlenmeyer, tubos de reação, copos, tubos de ensaio ou frascos limpos e tarados para recolher o solvente e os compostos à medida que eluem.

Depois de ter a configuração geral preparada, pode passar ao enchimento da fase estacionária na coluna.

ACONDICIONAMENTO DA COLUNA

Existem vários métodos aceitáveis para embalar uma coluna. Estes incluem o empacotamento a seco (existem duas versões de empacotamento a seco discutidas aqui) e o método de lama. O método slurry normalmente alcança os melhores resultados de empacotamento, mas há várias ocasiões em que o empacotamento a seco

O método de empacotamento a seco é o método de escolha para uma coluna em microescala. Começa-se por encher a coluna com um solvente não polar. Adicione lentamente a alumina ou sílica em pó enquanto bate suavemente no lado da coluna com um lápis. O sólido deve "flutuar" até ao fundo da coluna. Tente embalar a coluna o mais uniformemente possível; fissuras, bolhas de ar e canais conduzirão a uma separação deficiente. Neste caso, enche-se a coluna até à altura pretendida com a fase estacionária e depois adiciona-se lentamente o solvente não polar. O solvente deve ser adicionado lentamente para evitar uma canalização irregular. Este método é normalmente utilizado apenas com alumina, uma vez que o gel de sílica se expande e não se compacta bem com este método seco. O método do chorume é frequentemente utilizado para separações em macroescala. Combinar a fase estacionária sólida com uma pequena quantidade de solvente não polar num copo. Misturar bem os dois até se formar uma pasta consistente, mas que ainda possa fluir. Verter esta mistura homogénea na coluna o mais cuidadosamente possível, utilizando uma espátula para raspar o sólido à medida que se verte o líquido. O método de lama dá normalmente o melhor empacotamento da coluna, mas é também uma técnica mais difícil de dominar. Quer se opte pelo método seco ou pelo método de lama, o aspeto mais importante do enchimento da coluna é a criação de uma fase estacionária uniformemente distribuída e embalada. Como mencionado, fissuras, bolhas de ar e canalização conduzirão a uma separação deficiente. Uma vez carregada a coluna, abrir a torneira e deixar que o nível de solvente desça até ao *topo* do enchimento, mas não deixar que a camada de solvente desça abaixo deste ponto. Deve ser sempre evitado permitir que o nível de solvente desça abaixo da fase estacionária (conhecido como deixar a coluna "secar"). Uma vez que permite a ocorrência de bolhas de ar e a formação de canais, conduzindo a uma separação deficiente.

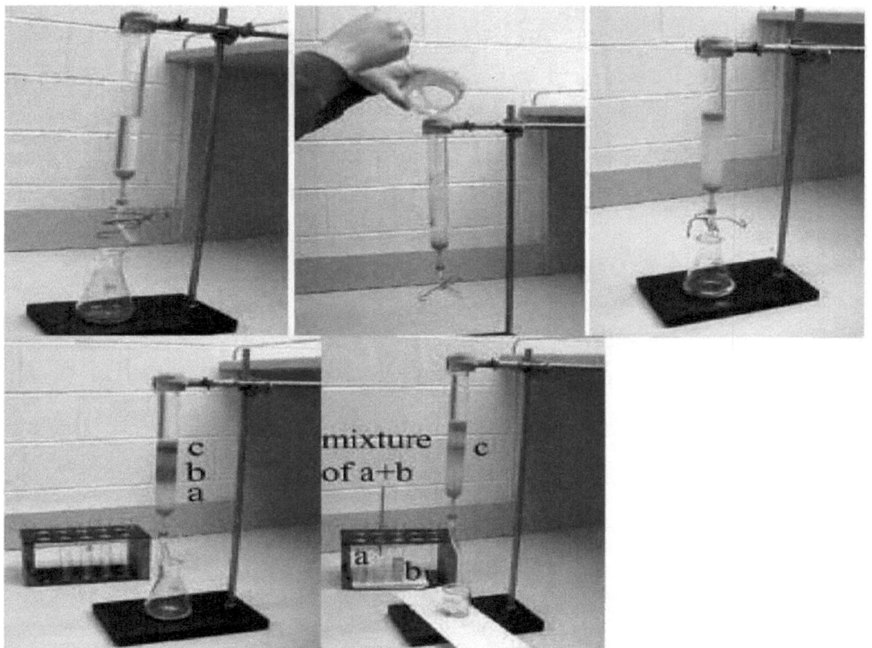

ADICIONAR A AMOSTRA

Normalmente, é utilizada uma quantidade *mínima* de um solvente polar, 5-10 gotas, para dissolver a mistura. O

é então cuidadosamente adicionada ao topo da coluna com uma pipeta, sem perturbar a coluna plana

superfície superior da coluna. Uma fina faixa horizontal de amostra é o melhor para uma separação óptima. Depois de a amostra ser carregada, adiciona-se uma pequena camada de areia branca ao topo da coluna. Isto ajudará a manter o topo da coluna nivelado quando se adiciona o eluente solvente. Uma vez adicionada a mistura e colocada a camada protetora de areia, adicionar continuamente o solvente eluente enquanto se recolhem pequenas fracções no fundo da coluna. A utilização de uma pipeta para adicionar o primeiro bocado de solvente no topo da embalagem, da amostra e da areia minimizará a perturbação da coluna e a diluição da amostra. A recolha de fracções pequenas (1-3 mL) é importante para o sucesso da separação na coluna. As fracções demasiado pequenas podem sempre ser agrupadas; no entanto, se as fracções recolhidas forem demasiado grandes, poderá obter mais do que um composto numa determinada fração. Se isto acontecer, a única forma de completar a separação é refazer a cromatografia. Uma vez que a cromatografia em coluna consome muito tempo, não se aconselha a recolha de grandes fracções.

ISOLAMENTO DOS COMPOSTOS SEPARADOS

Quando se considerar que todos os materiais foram removidos da coluna, as cores dos materiais ou os resultados do TLC devem indicar quais as fracções que contêm o(s) composto(s) que se pretende isolar. Combinar as fracções iguais ou semelhantes e evaporar o solvente. O composto puro separado será deixado para trás. A recristalização pode ser utilizada para purificar ainda mais um produto sólido. No entanto, numa escala de miligramas, normalmente não existe material suficiente para o fazer.

APLICAÇÕES

- A separação das misturas em componentes individuais puros

- Purificação de compostos através da remoção de impurezas

- A identificação de compostos desconhecidos

- Separação de isómeros geométricos, diastereómeros, racematos e tautómeros

- Separação e identificação de aniões e catiões inorgânicos

- A determinação da homogeneidade das substâncias químicas

- A concentração de substâncias a partir de soluções diluídas, como as que se obtêm quando os produtos naturais são extraídos com grandes volumes de solventes das raízes e folhas de árvores, plantas, etc.

REFERÊNCIAS

1.   Principle and practice of chromatography, de Raymond p. W. Scott (2003)

2.   Chromatography today, Elsevier science, por C.F. Poole e S.K. Poole, ISBN 9780444596192 (1991)

3.   Chromatography-a century of discovery (1900-2000): the bridge to the science/technology, por C. W Gehrke, R.L. Wixom e E. Bayer

4.   Cromatografia em coluna líquida, revista da biblioteca de cromatografia - volume 3, publicação científica da Elsevier por Z. Deyl. Macek e J. Janak (2013)

5.   Gradient elution in column liquid chromatography: Theory and Practice, publicação científica da Elsevier por P. Jandera e J. Churacek (2013)

Printed by Books on Demand GmbH, Norderstedt / Germany